Prasad Puthiyillam
Savitha Prasad
Suryanarayana Keerikkadu

Nanotecnologia - Sensores e Dispositivos

Prasad Puthiyillam
Savitha Prasad
Suryanarayana Keerikkadu

Nanotecnologia - Sensores e Dispositivos

ScienciaScripts

Imprint

Any brand names and product names mentioned in this book are subject to trademark, brand or patent protection and are trademarks or registered trademarks of their respective holders. The use of brand names, product names, common names, trade names, product descriptions etc. even without a particular marking in this work is in no way to be construed to mean that such names may be regarded as unrestricted in respect of trademark and brand protection legislation and could thus be used by anyone.

Cover image: www.ingimage.com

This book is a translation from the original published under ISBN 978-613-9-95331-8.

Publisher:
Sciencia Scripts
is a trademark of
Dodo Books Indian Ocean Ltd. and OmniScriptum S.R.L publishing group

120 High Road, East Finchley, London, N2 9ED, United Kingdom
Str. Armeneasca 28/1, office 1, Chisinau MD-2012, Republic of Moldova, Europe
Printed at: see last page
ISBN: 978-620-5-77310-9

ÍNDICE

PREFÁCIO

Este livro destina-se principalmente a ser um livro de texto para estudantes de Bacharelato/Mestrado em Ciências, Engenharia e Tecnologia. Este livro tem um papel especial a desempenhar no currículo de todos os ramos da Ciência, Engenharia, e Tecnologia e espera-se que apresente orientações valiosas aos jovens licenciados. Tem sido feito um esforço para cobrir os fundamentos e aplicações dos nano-sensores e dispositivos.

O capítulo 1 centrou-se principalmente nos fundamentos dos dispositivos nanosensores. O capítulo 2 dá um sabor a dispositivos de sésor inorgânicos baseados em nano. O capítulo 3 concentra-se nos métodos de fabrico de NEMS e NEMS. O capítulo 4 dá os detalhes das nanopartículas para sensores e circuitos, e dispositivos nano-sensores biológicos. O capítulo 5 destina-se a produzir as aplicações de nanomateriais em supercapacitores.

Este livro de texto é o resultado de muitos anos de experiência de ensino e investigação e baseia-se nas notas do docente, bem como em discussões com várias personalidades eminentes que servem neste campo há muito tempo. O facto de haver necessidade de um livro que faça a ponte entre livros avançados mas volumosos e livros simples mas inadequados é o que nos levou a escrever este livro, tendo em mente o facto de que o leitor precisa deste livro para fornecer conceitos fundamentais e aplicados de nano-sensores e dispositivos.

Dr. Prasad Puthiyillam
Dr. Savitha Prasad
Dr. Suryanarayana K.

CAPÍTULO 1

FUNDAMENTOS DOS DISPOSITIVOS NANOSENSORES

1.1 SENSORES

Um sensor é um dispositivo que converte uma quantidade física ou química não eléctrica num sinal eléctrico. Pode ser um dispositivo, módulo ou subsistema cuja finalidade é detectar eventos ou alterações no seu ambiente e enviar a informação para outros componentes electrónicos, frequentemente um processador de computador. Um sensor é sempre utilizado com outros componentes electrónicos, seja tão simples como uma luz ou tão complexo como um computador.

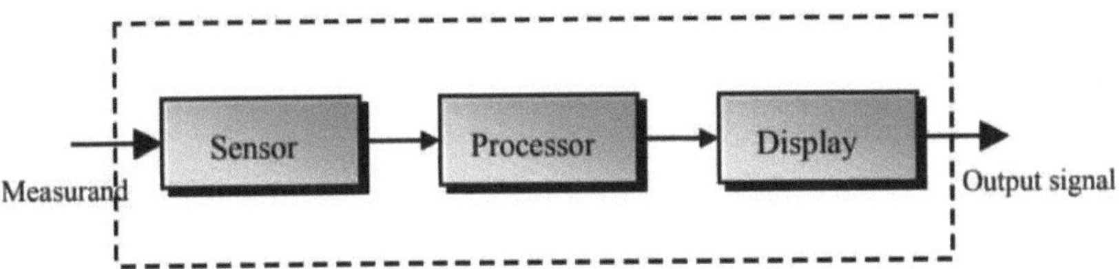

Figura 1.1: Representação do princípio de funcionamento de um dispositivo sensor

Os sensores são utilizados em objectos do quotidiano, tais como botões de elevador sensíveis ao toque (sensores tácteis) e lâmpadas que escurecem ou clareiam ao tocar na base, além de inúmeras aplicações das quais a maioria das pessoas nunca tem conhecimento. Com os avanços da nanotecnologia, os usos dos sensores expandiram para além dos campos tradicionais de medição de temperatura, pressão ou fluxo; as aplicações incluem o fabrico e maquinaria, aviões e aeroespaciais, automóveis, medicina, robótica e muitos outros aspectos da nossa vida quotidiana.

1.1.1 Classificação dos Sensores

Form of signal	Measurands
Thermal	Temperature, heat, heat flow, entropy, heat capacity.
Radiation	Gamma rays, X-rays, ultra-violet, visible and infrared light, microwaves, radio waves.

Mechanical	Displacement, velocity, acceleration, force, pressure, mass flow, acoustic wavelength and amplitude.
Magnetic	Magnetic field, flux, magnetic moment, magnetisation, magnetic permeability.
Chemical	Humidity, pH level and ions, gas concentrations, toxic and flammable materials, the concentration of vapours and odours, pollutants.
Biological	Sugars, proteins, hormones, antigen, etc.

1.1.2 Microsensores

Qualquer um dos vários pequenos sensores que detectam pequenas quantidades, ou alterações de uma variável física.

Importância dos micro-sensores:

- menor custo de fabrico (produção em massa, menos materiais)
- maior exploração da tecnologia IC (integração)
- maior aplicabilidade a matrizes de sensores
- menor peso (maior portabilidade)

1.1.3 Nanosensors

Os nanosensores são sensores cujos elementos activos incluem nanomateriais. Os sensores baseados em nanomateriais têm várias vantagens em termos de sensibilidade e especificidade em relação aos sensores feitos de materiais tradicionais.

Os nanosensores podem ter uma especificidade crescente porque operam a uma escala semelhante à dos processos biológicos naturais, permitindo a funcionalização com moléculas químicas e biológicas, com eventos de reconhecimento que causam alterações físicas detectáveis.

As melhorias na sensibilidade resultam da elevada relação superfície/volume dos nanomateriais, bem como das novas propriedades físicas dos nanomateriais que podem ser utilizados como base de detecção, incluindo a nanofotónica. Os nanosensores podem também ser potencialmente integrados com a nanoelectrónica para adicionar capacidade de processamento nativo ao nanosensor.

As aplicações potenciais para nanosensores incluem medicina; detecção de contaminantes e agentes patogénicos no local de trabalho, no ambiente, para os socorristas, e em produtos como os alimentos; e monitorização de processos de fabrico e equipamento e sistemas de transporte. Os usos medicinais dos nanosensores giram principalmente em torno do potencial dos nanosensores para identificar com precisão determinadas células ou locais do corpo que necessitam. Ao medir alterações de volume, concentração, deslocamento e velocidade, forças gravitacionais, eléctricas e magnéticas, pressão ou temperatura das células de um corpo, os nanosensores podem ser capazes de distinguir e reconhecer células específicas, sobretudo as do cancro, a nível molecular, a fim de ministrar medicamentos ou monitorizar o desenvolvimento em locais específicos do corpo.

1.1.4 Biosensor

Um biosensor é um dispositivo analítico, utilizado para a detecção de um analito, que combina um componente biológico com um detector físico-químico.

O elemento biológico sensível (exemplos: tecido, microrganismos, organelas, receptores celulares, enzimas, anticorpos, ácidos nucleicos) é um material biologicamente derivado ou componente biomimético que interage, liga, ou reconhece com o analito em estudo.

Um biosensor consiste tipicamente num sítio de bio-reconhecimento, componente bio-transdutor, um sistema electrónico que inclui um amplificador de sinal, processador, e visor. O seu tipo de bio-transdutor pode classificar os biossensores. Um biotransdutor é o componente de reconhecimento-transdução de um sistema biossensor. Consiste em duas partes intimamente acopladas; uma camada de bio-reconhecimento e um transdutor físico-químico, que actuando em conjunto convertem um sinal bioquímico para um sinal electrónico ou óptico.

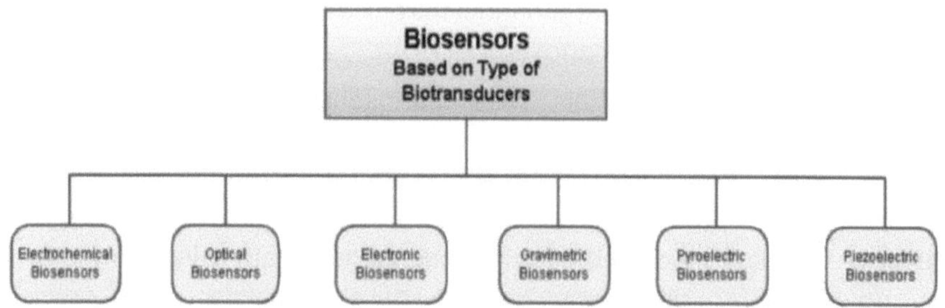

Figura 1.2: Biosensores com base no tipo de biotransdutores

Os tipos mais comuns de bio-transdutores utilizados em biossensores são: biossensores electroquímicos, biossensores ópticos, biossensores electrónicos, biossensores piezoeléctricos, biossensores gravimétricos, e biossensores piroeléctricos

1.2 SENSORES DE ENERGIA TÉRMICA

Os sensores térmicos são encontrados em muitos artigos, desde artigos do quotidiano dentro de qualquer casa até aplicações mais sofisticadas. Os sensores encontram aplicações na electrónica doméstica como termóstatos ou termómetros, e coisas tão sofisticadas como o seu computador pessoal ou num microprocessador. É vital que os processadores se mantenham dentro da especificação da gama de temperaturas para terem um desempenho fiável e que o processador funcione à sua velocidade média de desempenho. Os sensores de energia térmica podem ser classificados como sensores de temperatura (exemplos: termómetros, termóstatos), e sensores de calor (exemplos: bolómetro, calorímetro, detectores de calor).

1.3 SENSORES DE TEMPERATURA

Um sensor de temperatura desempenha um papel vital em muitas aplicações. Por exemplo, manter uma temperatura específica é essencial para o equipamento utilizado para fabricar medicamentos médicos, aquecer líquidos, ou limpar outro equipamento. Para aplicações como estas, a capacidade de resposta e precisão do circuito de detecção pode ser fundamental para o controlo de qualidade.

Mais frequentemente, no entanto, a detecção da temperatura faz parte da fiabilidade preventiva. Por exemplo, embora um aparelho possa não realizar quaisquer actividades a altas temperaturas, o próprio sistema pode estar em risco de sobreaquecimento. Este risco surge de factores externos específicos, tais como um ambiente de funcionamento agressivo ou factores internos como o auto-aquecimento da electrónica. Ao detectar quando ocorre o sobreaquecimento, o sistema pode tomar medidas preventivas. Nestes casos, o circuito de detecção de temperatura deve ser fiável na gama de temperaturas de funcionamento previstas para a aplicação.

A detecção da temperatura é a base para todas as formas avançadas de controlo e compensação da temperatura. O próprio circuito de detecção de temperatura monitoriza a temperatura ambiente. Pode então notificar o sistema ou das temperaturas reais ou se o circuito de detecção for mais inteligente quando ocorre um evento de controlo de temperatura. Quando um limiar específico de alta temperatura é excedido, o sistema pode tomar medidas preventivas para baixar a temperatura. Um exemplo disto é ligar um ventilador.

Da mesma forma, um circuito de detecção de temperatura pode servir como o núcleo de uma função de compensação de temperatura. Considere um sistema como o equipamento de medição de líquidos. A temperatura, neste caso, afecta directamente o volume medido. Ao ter em conta a temperatura, o sistema pode compensar factores ambientais em mudança, permitindo-lhe funcionar de forma fiável e consistente.

1.4 TIPOS DE SENSORES DE TEMPERATURA

Existem quatro tipos de sensores de temperatura comummente utilizados: Termistores de coeficiente de temperatura negativo (NTC), detectores de temperatura de resistência (RTD), termopares, e sensores baseados em semicondutores.

1.4.1 Termistor de Coeficiente de Temperatura Negativo

Um termistor é uma resistência termicamente sensível que exibe uma grande, previsível e precisa mudança na resistência correlacionada com as variações de temperatura. Um termistor de coeficiente de temperatura negativo (NTC) proporciona uma resistência muito elevada a baixas temperaturas. À medida que a temperatura aumenta, a resistência diminui rapidamente. Como um termistor NTC sofre uma mudança tão significativa na resistência por °C, pequenas mudanças de temperatura são reflectidas muito rapidamente e com alta precisão (0,05 a 1,5°C). Devido à sua natureza exponencial, a saída de um termístor NTC requer linearização. A gama de funcionamento eficaz é de -50 a 250°C para termistores encapsulados a gás ou 150°C para a norma.

1.4.2 Detector de Temperatura de Resistência

Um Detector de Temperatura de Resistência RTD, também conhecido como termómetro de resistência, mede a temperatura através da correlação da resistência do elemento RTD com a temperatura. Um RTD consiste numa película ou, para maior precisão, num fio enrolado à volta de um núcleo cerâmico ou de vidro. Os IDT mais precisos são feitos usando platina, mas os IDT de menor custo podem ser feitos de níquel ou cobre. No entanto, o níquel e o cobre não são tão estáveis ou repetíveis. Os IDT em platina oferecem uma produção razoavelmente linear que é altamente precisa (0,1 a 1°C) entre -200 a 600°C. Ao mesmo tempo que proporcionam a maior precisão, os RTDs tendem também a ser os mais caros dos sensores de temperatura.

1.4.3 Termopar

Este tipo de sensor de temperatura consiste em dois fios de metais diferentes ligados em dois pontos. A tensão variável entre estes dois pontos reflecte as mudanças proporcionais de temperatura. Os termopares são não lineares, requerendo conversão quando utilizados para controlo e compensação de temperatura, tipicamente realizados utilizando uma tabela de pesquisa. A exactidão é baixa, de 0,5 a 5°C. Contudo, operam na mais vasta gama de temperaturas, de -200 a 1750°C.

1.4.4 Sensores Baseados em Semicondutores

Um sensor de temperatura baseado em semicondutores é colocado em circuitos integrados (ICs). Estes sensores são efectivamente dois díodos idênticos com características de tensão versus corrente sensíveis à temperatura que podem ser utilizados para monitorizar as alterações de temperatura. Oferecem uma resposta linear, mas têm a mais baixa precisão dos tipos de sensores básicos a 1 a 5°C. Têm também a resposta mais lenta (5 a 60 s) na mais estreita gama de temperaturas (70 a 150°C).

1.5 SENSOR DE CALOR (DETECTOR DE CALOR)

Um sensor de calor ou um detector de calor é um dispositivo de alarme de incêndio concebido para responder quando a energia térmica do fogo convectado aumenta a temperatura de um elemento sensível ao calor. A massa térmica e a condutividade do elemento regulam o fluxo de calor para o elemento. Todos os detectores de calor têm este atraso térmico. Os detectores de calor têm duas classificações principais de funcionamento, "taxa de crescimento" e "temperatura fixa". O detector de calor é utilizado para ajudar na redução de propriedades danificadas. É accionado quando a temperatura aumenta.

1.5.1 Detectores de calor a temperatura fixa

O detector de calor de temperatura fixa é o tipo mais comum de detector de calor. Os detectores de temperatura fixa funcionam quando a liga eutética sensível ao calor atinge o ponto eutético, mudando de estado sólido para líquido. O atraso térmico atrasa a acumulação de calor no elemento sensível de modo a que um dispositivo de temperatura fixa atinja a sua temperatura de funcionamento algum tempo depois de a temperatura do ar circundante exceder essa temperatura.

O ponto de temperatura fixa mais comum para detectores de calor ligados electricamente é 136,4°F (58°C). Os desenvolvimentos tecnológicos permitiram a perfeição dos detectores que se activam a uma temperatura de 117°F (47°C), aumentando o tempo de reacção disponível e a margem de segurança e muito mais.

1.5.2 Detectores da taxa de crescimento do calor

Os detectores de calor de taxa de crescimento (ROR) funcionam com um aumento rápido da temperatura dos elementos de 12° a 15°F (6,7° a 8,3°C) por minuto, independentemente da temperatura inicial. Este tipo de detector de calor poderia funcionar a uma condição de incêndio a uma temperatura mais baixa que seria possível se o limiar fosse fixado. Tem dois termopares ou termistores sensíveis ao calor. Um termopar monitoriza o calor transferido por convecção ou radiação enquanto o outro responde à temperatura ambiente. O detector responde quando a temperatura do primeiro elemento sensor aumenta em relação ao outro.

A taxa de aumento dos detectores pode não responder às baixas taxas de libertação de energia dos incêndios em desenvolvimento lento. Para detectar os detectores combinados de incêndios em desenvolvimento lento, adicionar um elemento de temperatura fixa que acabará por responder quando o elemento de temperatura fixa atingir o limiar de concepção.

1.6 SENSORIAMENTO ELECTROMAGNÉTICO

Um dispositivo electrónico utilizado para medir uma quantidade física tal como pressão ou ruído e convertê-la num sinal electrónico de algum tipo (por exemplo, uma voltagem). Os sensores electromagnéticos podem ser categorizados da seguinte forma:

- sensores de resistência eléctrica (exemplo: ohmímetro)
- sensores de tensão eléctrica (exemplo: voltímetro)
- sensores de energia eléctrica (exemplo: contador watt-hora)
- sensores de magnetismo (exemplo: bússola magnética)
- detectores de metais
- Radar

Os sensores electromagnéticos podem ser usados para encontrar coisas como fótons, electrões, etc. Pode ser tão simples como uma parede branca, uma folha de papel branco, etc., ou tão novo como um dispositivo acoplado de carga. Quando um laser é dirigido a um ecrã de detecção, um ponto brilhante pode ser visto no ecrã, ou quando um electrão atinge os fósforos num outro tipo de ecrã, faz com que esse ecrã brilhe.

Quando a onda de radiação electromagnética atinge o objecto em movimento, ele "salta" de volta para a fonte, que também contém um receptor, bem como o transmissor original. No entanto, uma vez que a onda reflectida do objecto em movimento, a onda é deslocada conforme delineado pelo efeito Doppler relativista.

Uma vez que a radiação electromagnética estava a uma frequência precisa quando enviada e está a uma nova frequência no seu regresso, esta pode ser utilizada para calcular a velocidade, v, do alvo (que actua como uma fonte intermediária).

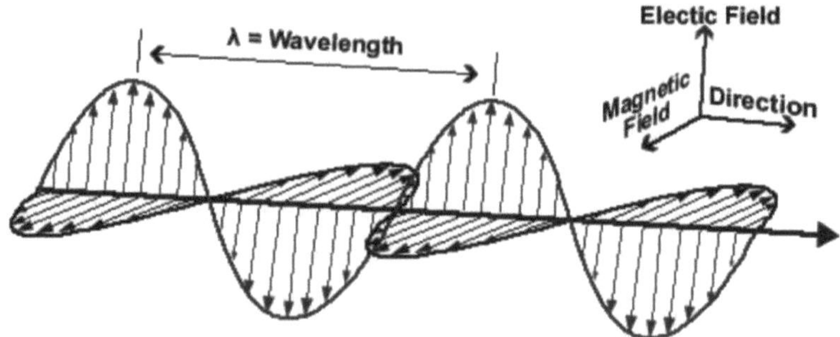

Figura 1.3: Representação do efeito de Hall-

O Efeito Doppler

Quando a fonte das ondas se move em direcção ao observador, cada crista de onda sucessiva é emitida de uma posição mais próxima do observador do que a onda anterior. Por conseguinte, cada onda leva um pouco menos de tempo a chegar ao observador do que a onda anterior. Portanto, o tempo entre a chegada das cristas sucessivas das ondas ao observador é reduzido, causando um aumento da frequência. Enquanto viajam, a distância entre as sucessivas cristas das ondas é reduzida; assim, as ondas "aglomeram-se". Pelo contrário, se a fonte das ondas se afasta do observador, cada onda é emitida de uma posição mais distante do observador do que a onda anterior, pelo que o tempo de chegada entre as sucessivas ondas é aumentado, reduzindo a frequência. A distância entre frentes de ondas sucessivas é aumentada, pelo que as ondas "se espalham".

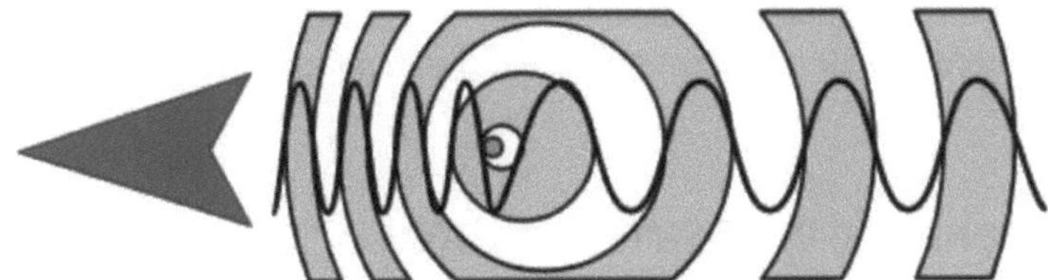

Figura 1.4: Representação do efeito Dopler

1.7 SENSORES DE RESISTÊNCIA ELÉCTRICA

Os sensores de resistência eléctrica e de condutância eléctrica medem a resistência ou a condutância de um componente ou sistema eléctrico. Os sensores de resistência eléctrica e de condutância são utilizados numa grande variedade de indústrias, num vasto espectro de aplicações.

As empresas que fabricam resistências, indutores e estrangulamentos usam frequentemente sensores de resistência eléctrica e de condutância eléctrica para verificar se os seus produtos cumprem as especificações de resistência. Da mesma forma, os fabricantes de interruptores, relés e conectores utilizam sensores de resistência eléctrica e de condutância para garantir que a resistência dos contactos não excede os limites especificados para passar o controlo de qualidade. Os fabricantes de cabos utilizam frequentemente sensores de resistência eléctrica para medir a resistência dos condutores de cobre nos seus cabos para se certificarem de que os seus produtos são capazes de transportar a corrente especificada e também para se certificarem de que o tamanho apropriado do condutor está a ser utilizado nos seus cabos.

Aplicações: Outras aplicações de resistência eléctrica e sensores de condutância eléctrica incluem a medição da resistência dos cabos de soldadura na indústria automóvel para garantir que a qualidade da soldadura se mantém consistente. Além disso, os sensores de resistência eléctrica e de condutância são frequentemente utilizados para testar:

- cabos de bateria
- a resistência dos feixes de cabos
- a resistência dos conectores de engaste

Os sensores de resistência eléctrica e de condutância eléctrica podem ser utilizados para detectar alterações na terra, água e materiais para os quais outros materiais ou gases possam migrar. Como o estado dos materiais muda, muito frequentemente também muda a condutividade eléctrica do material.

1.7 SENSORES DE CORRENTE ELÉCTRICA

Um sensor de corrente é um dispositivo que detecta a corrente eléctrica num fio e gera um sinal proporcional a essa corrente. O sinal gerado pode ser uma tensão ou corrente analógica ou mesmo uma saída digital. O sinal gerado pode então ser utilizado para exibir a corrente medida num amperímetro, ou pode ser armazenado para posterior análise num sistema de aquisição de dados, ou pode ser utilizado para controlo.

1.8.1 Entrada AC e DC

A corrente detectada e o sinal de saída podem ser:

- Entrada de corrente alternada,
    - saída analógica, que duplica a forma de onda da corrente sentida.
    - Saída bipolar (que duplica a forma de onda da corrente sentida).
    - Saída unipolar, que é proporcional ao valor médio ou RMS da corrente sentida.
- Entrada directa de corrente,
    - unipolar, com uma saída unipolar, que duplica a forma de onda

da corrente sentida

o saída digital, que muda quando a corrente detectada excede um determinado limiar

1.8.2 Aplicações Tecnológicas

As aplicações tecnológicas dos sensores de corrente eléctrica incluem:

* Sensor de IC de efeito Hall;
* T ransformador ou pinça amperimétrica de corrente, (adequado apenas para corrente alternada);
* Tipo transformador Fluxgate, (adequado para AC ou DC);
* Resistor, cuja tensão é directamente proporcional à corrente através dele;
* Sensor de corrente de fibra óptica, utilizando um interferómetro para medir a mudança de fase na luz produzida por um campo magnético; e
* Rogowski bobina, um dispositivo eléctrico para medir corrente alternada (CA) ou impulsos de corrente de alta velocidade.

1.8 SENSORES DE TENSÃO ELÉCTRICA

O sensor de tensão eléctrica é um dispositivo que converte a tensão medida entre dois pontos de um circuito eléctrico num sinal físico proporcional à tensão. Um bloco típico de sensor de voltagem é dado abaixo:

Figura 1.5: Um bloco sensor de voltagem típico

As ligações '+' e '-' são portas de conservação eléctrica através das quais o sensor é ligado ao circuito. A ligação V é uma porta de sinal físico que emite o resultado da medição.

Um sensor de voltagem pode determinar, monitorizar e medir o fornecimento de voltagem. Pode medir o nível de tensão CA ou/e o nível de tensão CC. A entrada para o sensor de tensão é a própria tensão, e a saída pode ser sinais analógicos de tensão, interruptores, sinais sonoros, nível analógico de corrente, frequência ou mesmo saídas moduladas por frequência. Ou seja, alguns sensores de voltagem podem fornecer trens senoidais ou de pulso como saída e outros podem produzir saídas de Modulação de Amplitude, Modulação de Largura de Pulso ou Modulação de Frequência.

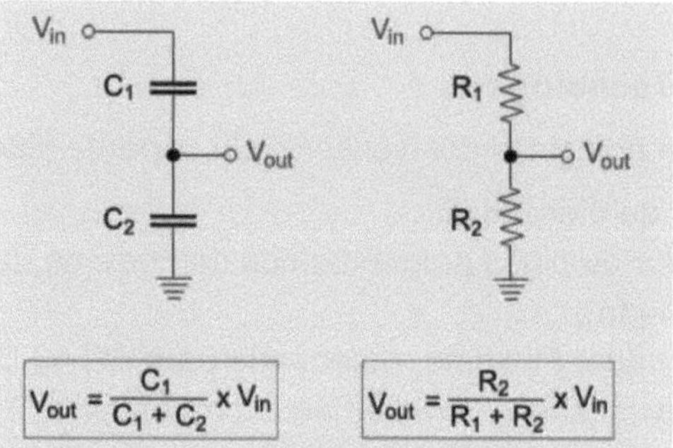

$$V_{out} = \frac{C_1}{C_1 + C_2} \times V_{in}$$
$$V_{out} = \frac{R_2}{R_1 + R_2} \times V_{in}$$

Figura 1.6: Representação do sensor de tensão do tipo capacitivo e do sensor de tensão do tipo resistivo

Nos sensores de tensão, a medição é baseada no divisor de tensão. Estão disponíveis principalmente dois tipos de sensores de tensão - sensor de tensão do tipo capacitivo e sensor de tensão do tipo resistivo.

Aplicação do Sensor de Tensão

A aplicação do sensor de voltagem é mostrada abaixo:

- Detecção de falha de energia.
- Sensoriamento de carga.
- Mudança de segurança.
- Controlo da temperatura.
- Controlo da procura de energia.
- Detecção de avarias.

1.9   SENSOR DE ENERGIA ELÉCTRICA

Os sensores de energia eléctrica são utilizados para medir as características da energia eléctrica, tais como voltagem, corrente, potência. Para circuitos CA, um sensor de energia eléctrica também pode ser utilizado para medir a qualidade da energia. Estas medições são então convertidas num sinal analógico ou digital correspondente para ser lido por outro dispositivo ou exibido.

Alguns sensores de energia eléctrica são incorporados em transformadores ou outros componentes da rede de distribuição de energia.

Outros são adicionados aos sistemas existentes. Tipicamente, estes sensores de energia eléctrica medem uma ou mais características físicas e convertem-nas em sinais eléctricos.

1.10.1 Tecnologias de Sensores de Energia Eléctrica

Os sensores de energia eléctrica utilizam muitas tecnologias diferentes para medir as características eléctricas.

- Os sensores de efeito Hall medem a tensão, corrente e níveis de potência usando uma corrente perpendicular a um campo magnético para causar um potencial eléctrico. Para medir a condição de isolamento de envelhecimento, os métodos de detecção incluem o grau de polimerização, resistência de isolamento, factor de dissipação de frequência de potência, e medição do índice de polarização.

- Os sensores indutivos utilizam uma bobina de fio que contorna o fio de transporte de energia para medir a fase de corrente de tensão e, por fim, a potência.

- Os sensores de medição directa estão em linha com os fios de transporte de energia e convertem-no num sinal proporcional correspondente para medição ou visualização. Este é o método mais preciso, embora nem sempre seja possível, dependendo da aplicação.

- As medições de tensão de resposta utilizam as características eléctricas de um circuito são determinadas a partir da amplitude e fase de uma corrente de ensaio que flui através de um circuito. Para medir a qualidade da energia, os sensores de energia eléctrica medem a diferença de fase entre tensão e corrente, bem como a distorção harmónica total (THD) resultante.

1.10.2 Aplicações de sensores de energia eléctrica

Os sensores de energia eléctrica são utilizados em redes de energia eléctrica em todos os Estados Unidos e em todo o mundo. Embora sejam utilizados controlos automáticos para responder a problemas do sistema, tais como sobrecorrente, subcorrente, e desfasamentos de tensão, é necessário pessoal treinado para monitorizar a rede global e responder a problemas específicos do equipamento. Com o desenvolvimento de sensores inteligentes, os problemas de equipamento podem ser detectados e reportados com maior eficiência.

1.10 SENSOR MAGNÉTICO

1.11.1 Princípio e Estrutura

Aqui o sensor magnético é baseado no efeito Hall. O efeito baseia-se na interacção entre portadores eléctricos em movimento e um campo magnético externo. Em metal, estes portadores são electrões. Quando um electrão se move através de um campo magnético, sobre ele actua uma força lateral

$$F = qvB$$

onde q é uma carga electrónica, v é a velocidade de um electrão, e B é o campo magnético.

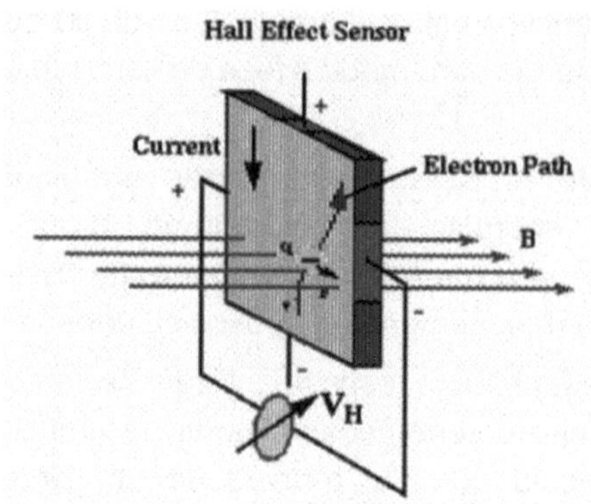

Figura 1.7: Representação do princípio da detecção magnética

Vamos supor que uma fonte de corrente eléctrica está ligada às extremidades superior e inferior da faixa. A força 'F' desloca os electrões em movimento para o lado direito da faixa, o que se torna mais negativo do que o lado do elevador. O sinal e a amplitude da diferença de potencial transversal do Hall V_H depende tanto da magnitude como da direcção do campo magnético e da corrente eléctrica.

1.11.2 Aplicações de Sensores Magnéticos

O sensor de efeito Hall pode ser utilizado para medir o nível de combustível num depósito de combustível (Figura dada abaixo). O flutuador tem flutuabilidade no combustível. Ele flutua para cima à medida que o combustível se torna mais. O intervalo entre o íman e o sensor de efeito Hall será alterado. O resultado é a mudança da saída. As molas permitem que o flutuador se mova apenas verticalmente.

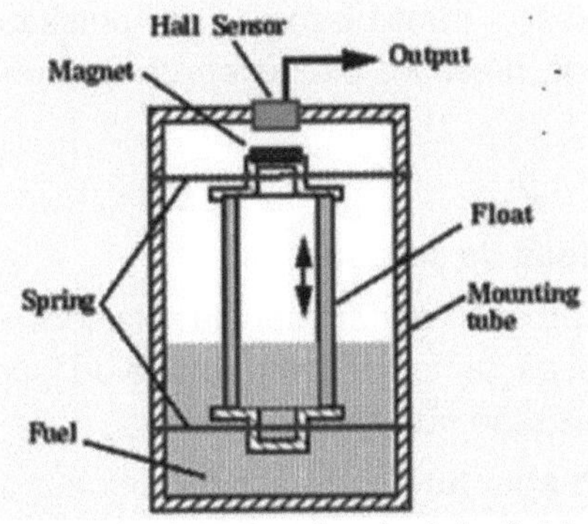

Figura 1.8: Representação do detector de nível de fluido com um sensor de efeito de Hall-

1.11 SENSORES MECÂNICOS

Os sensores mecânicos são uma classe de sensores para medir fenómenos mecânicos. Os sensores mecânicos visam um grande número de diferentes mensurandos tais como massa, força, pressão, tensão, velocidade, aceleração e peso.

As técnicas de sensoriamento mecânico incluem: Piezoresistivid ade, Piezoeletricidade, Técnicas capacitivas, Técnicas indutivas, Técnicas ressonantes.

Os sensores mecânicos incluem: Sensor de pressão, Sensor de força e torque, Sensor inercial, e Sensor de fluxo.

1.12.1 Sensores de pressão

Um sensor de pressão é um dispositivo para medição de pressão de gases ou líquidos. A pressão é uma expressão da força necessária para impedir a expansão de um fluido e é normalmente declarada em termos de força por unidade de área. Um sensor de pressão actua geralmente como um transdutor; gera um sinal eléctrico em função da pressão imposta.

Alguns sensores de pressão são interruptores de pressão, que se ligam ou desligam a uma determinada pressão. Por exemplo, uma bomba de água pode ser controlada por um interruptor de pressão para que arranque quando a água é libertada do sistema, reduzindo a pressão num reservatório.

Os sensores de pressão podem alternativamente ser chamados transdutores de pressão, transmissores de pressão, transmissores de pressão, indicadores de pressão, piezómetros e manómetros, entre outros nomes.

1.12.2 Tipos de medidas de pressão

Os sensores de pressão podem ser classificados em termos de gamas de pressão que medem as gamas de temperatura de funcionamento, e o mais importante, o tipo de pressão que medem.

- **Sensor de pressão absoluta**: Este sensor mede a pressão relativa a um vácuo perfeito.

- **Sensor de pressão manométrica**: Este sensor mede a pressão em relação à pressão atmosférica. Um manómetro de pressão de pneu é um exemplo de medição da pressão manométrica; quando indica zero, então a pressão que está a medir é a mesma que a pressão ambiente.

- **Sensor de pressão a vácuo**: Pode ser utilizado para descrever um sensor que mede pressões abaixo da pressão atmosférica, mostrando a diferença entre essa baixa pressão e a pressão atmosférica, mas também pode ser utilizado para descrever um sensor que mede a pressão absoluta em relação a um vácuo.

- **Sensor de pressão diferencial**: Este sensor mede a diferença entre duas pressões, uma ligada a cada lado do sensor. Os sensores de pressão diferencial são utilizados para medir muitas propriedades, tais como quedas de pressão através de filtros de óleo ou filtros de ar, níveis de fluido (comparando a pressão acima e abaixo do líquido) ou taxas de fluxo (medindo a variação de pressão através de uma restrição).

- **Sensor de pressão selado**: Este sensor é semelhante a um sensor de pressão manométrica, excepto que mede a pressão relativa a alguma pressão fixa em vez da pressão atmosférica ambiente (que varia de acordo com a localização e o tempo).

1.12.3 Aplicações de sensores de pressão

Há muitas aplicações para sensores de pressão

- **Sensoriamento de pressão**: Isto é útil em instrumentação meteorológica, aviões, automóveis, e qualquer outra maquinaria que tenha a funcionalidade da pressão implementada.

- **Sensoriamento de altitude**: É útil em aviões, foguetes, satélites, balões meteorológicos, e muitas outras aplicações. Todas estas aplicações fazem uso da relação entre as mudanças de pressão em relação à altitude.

- **Sensoriamento de fluxo**: É a utilização de sensores de pressão em conjunto com o efeito venturi para medir o fluxo. A diferença de pressão entre os dois segmentos é directamente proporcional ao caudal através do tubo Venturi. Um sensor de baixa pressão é quase sempre necessário, uma vez que a diferença de pressão é relativamente pequena.

- **Detecção de nível/de profundidade**: Um sensor de pressão também pode ser utilizado para calcular o nível de um fluido. Esta técnica é normalmente utilizada para medir a profundidade de um corpo submerso (como um mergulhador ou submarino), ou o nível de conteúdo de um tanque (como numa torre de água).

  Testes de estanqueidade: Um sensor de pressão pode ser utilizado para detectar a deterioração da pressão devido a uma fuga do sistema.

1.12.4 O Efeito Venturi

O efeito Venturi é a redução da pressão do fluido que resulta quando um fluido flui através de uma secção apertada (ou estrangulamento) de um tubo. O efeito Venturi tem o nome de Giovanni Battista Venturi (1746-1822), um físico italiano.

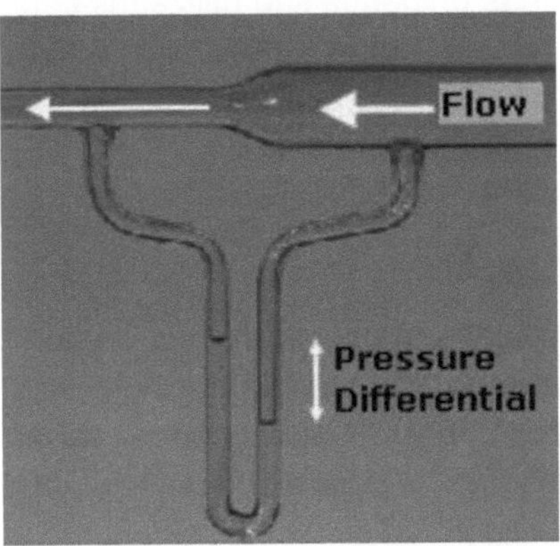

Figura 1.9: Um fluxo de ar através de um medidor de venturi, mostrando as colunas ligadas num manómetro e parcialmente cheias de água.

O contador é "lido" como uma cabeça de pressão diferencial em cm ou polegadas de água.

1.12 SENSORES DE FLUXO DE GÁS E LÍQUIDO

A medição do fluxo é a quantificação do movimento de fluidos a granel. O fluxo pode ser medido de várias maneiras. Tanto o fluxo de gás como o fluxo de líquido podem ser medidos em caudal volumétrico ou de massa, tais como litros por segundo ou quilogramas por segundo, respectivamente. A densidade do material relaciona estas medições. A densidade de um líquido é quase independente das condições. Este não é o caso dos gases, cujas densidades dependem muito da pressão, temperatura e, em menor grau, da composição.

1.13.1 Sensores de fluxo de gás

Os gases são compressíveis e mudam de volume quando colocados sob pressão, são aquecidos ou são arrefecidos. Um volume de gás sob um conjunto de condições de pressão e temperatura não é equivalente ao mesmo gás em condições diferentes.

Serão feitas referências ao caudal "real" através de um metro e ao caudal "padrão" ou "base" através de um metro com unidades tais como ACM/h (metros cúbicos reais por hora), sm^3 /sec (metros cúbicos padrão por segundo), KSCM/h (mil metros cúbicos padrão por hora), LFM (pés lineares por minuto), ou MMSCFD (milhões de pés cúbicos padrão por dia).

1.13.2 Sensores de fluxo líquido

Para líquidos, várias unidades são utilizadas dependendo da aplicação e da indústria, mas podem incluir galões por minuto, litros por segundo, alqueires por minuto ou, ao descrever os caudais dos rios, cumes (metros cúbicos por segundo) ou acre-feet por dia.

1.13 SENSOR DE POSIÇÃO

Um sensor de posição é qualquer dispositivo que permita a medição da posição. Pode ser um sensor de posição absoluto ou um relativo (sensor de deslocamento). Os sensores de posição podem ser lineares, angulares, ou multi-eixos. Alguns sensores de posição disponíveis actualmente são:

- Transdutor capacitivo
- Sensor de deslocamento capacitivo
- Sensor de corrente parasita

- Sensor ultra-sónico
- Sensor de grelha
- Sensor de efeito Hall
- Sensores indutivos de posição sem contacto
- Vibrometro Doppler laser (óptico)
- Transformador diferencial linear variável (LVDT)
- Transdutor de deslocamento multi-eixo
- Matriz de fotodíodos
- O transdutor piezoeléctrico (piezo-eléctrico)
- Potenciómetro

- Sensor de proximidade (óptico)
- Um codificador rotativo (angular)
- Colectores de deslocamento sísmico
- Potenciómetro de cordas (também conhecido como potenciómetro de cordas, codificador de cordas, transdutor de posição de cabo)
- Sensor cromático confocal

1.14 SENSOR QUÍMICO

Um sensor químico é um dispositivo analítico autónomo que pode fornecer informações sobre a composição química do seu ambiente, ou seja, uma fase líquida ou gasosa. A informação é fornecida sob a forma de um sinal físico mensurável que está correlacionado com a concentração de uma determinada espécie química (denominada como analito). Um sensor químico baseado em material de reconhecimento de natureza biológica é um biosensor.

Funcionamento dos Sensores Químicos

Duas etapas principais estão envolvidas no funcionamento de um sensor químico, nomeadamente, o reconhecimento e a transdução. Na etapa de reconhecimento, as moléculas de análise interagem selectivamente com as moléculas receptoras ou locais incluídos na estrutura do elemento de reconhecimento do sensor. Consequentemente, um parâmetro físico característico varia e esta variação é relatada utilizando um transdutor integrado que gera o sinal de saída.

1.15 SENSOR ÓPTTICO

Um sensor óptico converte os raios de luz num sinal electrónico. O objectivo de um sensor óptico é medir uma quantidade física de luz, dependendo do tipo de sensor, e depois traduzi-la numa forma que seja legível por um dispositivo de medição integrado.

Os Sensores Ópticos são utilizados para a detecção, contagem ou posicionamento de peças sem contacto. Os sensores ópticos podem ser tanto internos como externos. Os sensores externos recolhem e transmitem uma quantidade necessária de luz, enquanto os sensores internos são mais frequentemente utilizados para medir as curvas e outras pequenas mudanças de direcção.

Existem diferentes tipos de sensores ópticos, os tipos gerais mais comuns que temos vindo a utilizar nas nossas aplicações do mundo real, tal como abaixo indicado.

- Dispositivos fotocondutores utilizados para medir a resistência, convertendo uma mudança de luz incidente numa mudança de resistência.

- A célula fotovoltaica (célula solar) converte uma quantidade de luz incidente numa tensão de saída.

- Os fotodíodos convertem uma quantidade de luz incidente numa corrente de saída.

- Os fototransistores são um tipo de transístor bipolar onde a junção do basecollector é exposta à luz. Isto resulta no mesmo comportamento de um fotodíodo, mas com um ganho interno.

1.16 TIPOS DE SENSORES ÓPTICOS

Os diferentes tipos de sensores ópticos são (i) sensores de feixe passante, sensores retro-reflectores, e sensores de reflexão difusa.

1.17.1 Sensores de Feixe Passante

O sistema consiste em dois componentes separados, o transmissor e o receptor são colocados em frente um do outro. O transmissor projecta um feixe de luz sobre o receptor. Uma interrupção do feixe de luz é interpretada como um sinal de comutação pelo receptor. É irrelevante onde a interrupção ocorre.

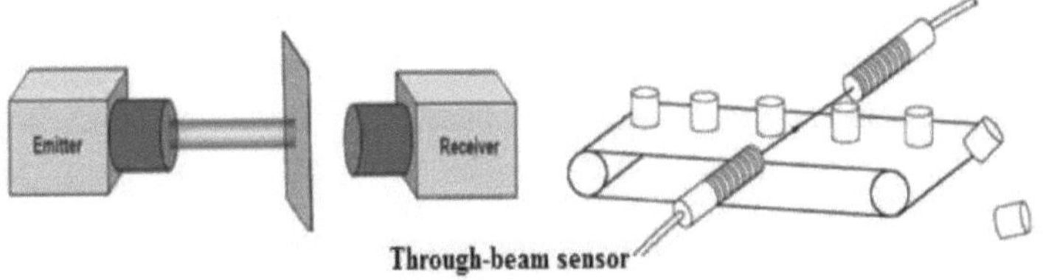

Figura 1.10: Representação de um sensor de feixe passante

1.17.2 Sensores Retro-reflexivos

Transmissor e receptor estão ambos na mesma casa, através de um reflector o feixe de luz emitido é dirigido de volta para o receptor. Uma interrupção do feixe de luz inicia uma operação de comutação. Quando a interrupção ocorre, não tem qualquer importância.

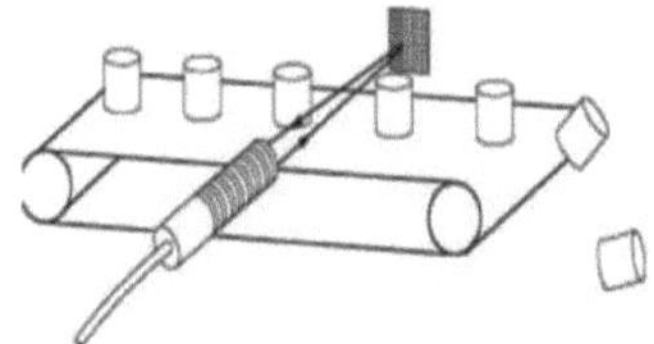

Figura 1.11: Representação de um sensor retro-reflexivo

1.17.3 Sensores de Reflexão Difusa

Tanto o transmissor como o receptor estão numa só caixa. A luz transmitida é reflectida pelo objecto a ser detectado.

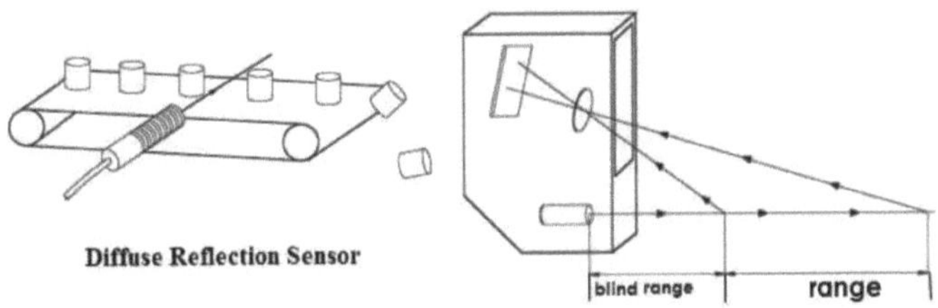

Figura 1.12: Representação de um sensor de reflexão difusa

1.18 FONTES DE LUZ PARA SENSORES ÓPTICOS

Existem muitos tipos de fontes de luz. O sol e a luz das chamas das tochas queimadas foram as primeiras fontes de luz utilizadas para estudar a óptica. A luz proveniente de certas matérias (ex. iodo, cloro, e iões de mercúrio) ainda fornece os pontos de referência no espectro óptico. Um dos principais componentes na comunicação óptica é a fonte de luz monocromática. Nas comunicações ópticas, as fontes de luz devem ser monocromáticas, compactas, e duradouras. Aqui estão dois tipos diferentes de fontes de luz.

1.18.1 Diodo Emissor de Luz

Durante o processo de recombinação de electrões com furos nas junções de semicondutores n-doped e p-doped, a energia é libertada sob a forma de luz. A excitação ocorre através da aplicação de uma tensão externa, e a recombinação pode estar a ter lugar, ou pode ser estimulada como outro fóton. Isto facilita o acoplamento da luz LED com um dispositivo óptico.

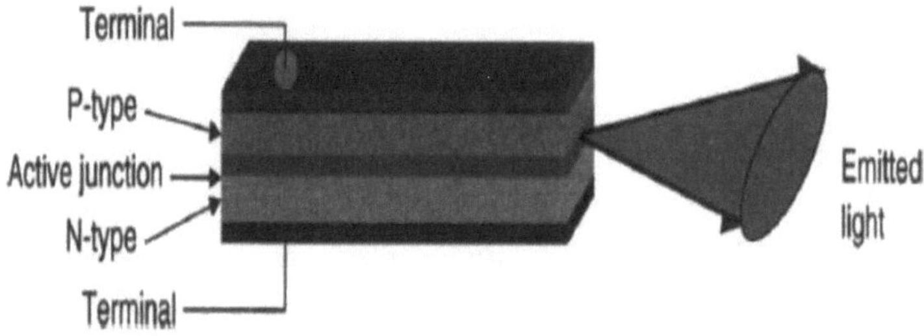

Figura 1.13: Representação do funcionamento do LED

1.18.2 LASER

É criada uma Amplificação de luz por radiação de emissão estimulada (laser), quando os electrões nos átomos em óculos especiais, cristais, ou gases absorvem energia da corrente eléctrica, eles ficam excitados. Os electrões excitados passam de uma órbita de menor energia para uma órbita de maior energia em torno do núcleo do átomo. Quando regressam ao seu estado normal ou terrestre, isto leva a que os electrões emitam fotões (partículas de luz). Estes fótons estão todos no mesmo comprimento de onda e são coerentes. A luz visível comum compreende vários comprimentos de

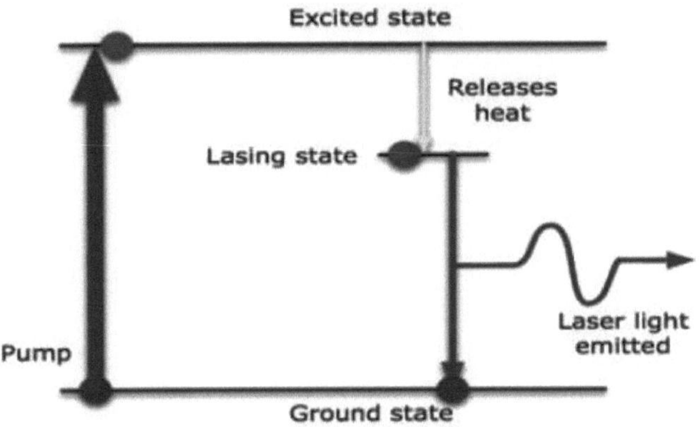

onda e não é coerente.

Figura 1.14: Representação do funcionamento do LASER

1.19 APLICAÇÕES DE SENSORES ÓPTICOS

Os sensores ópticos são partes integrantes de muitos dispositivos convencionais, incluindo computadores, máquinas de copiar (Xerox) e luminárias que se ligam automaticamente no escuro. Algumas das outras aplicações padrão incluem sistemas de alarme, sincronia para flashes fotográficos e sistemas que podem detectar a presença de objectos. Os sensores de luz ambiente são vistos em aparelhos móveis para prolongar a vida útil da bateria e permitir visores fáceis de visualizar que são optimizados para o ambiente.

1.19.1 Sensores Ópticos em Aplicações Biomédicas

Os sensores ópticos têm aplicações robustas no campo biomédico.

Alguns dos exemplos de análise respiratória utilizando laser de díodo sintonizável, monitores ópticos do ritmo cardíaco medem o seu ritmo cardíaco utilizando a luz. Um LED brilha através da pele, e um sensor óptico examina a luz que reflecte de volta. Uma vez que o sangue absorve mais luz, as flutuações no nível de luz podem ser traduzidas em frequência cardíaca. Este processo é chamado de fotopletismografia. Outra aplicação importante do sensor óptico é medir a concentração de diferentes compostos por espectroscopia tanto visível como infravermelha.

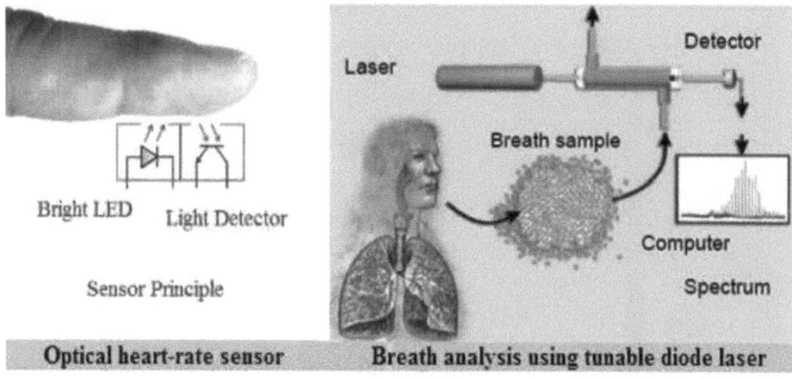

Figura 1.15: Representação dos sensores ópticos do ritmo cardíaco e análise da respiração usando um laser de díodo sintonizável

1.19.2 Indicador de Nível de Líquido Baseado em Sensor Óptico

O Indicador de Nível de Líquido Baseado em Sensor Óptico consiste em duas partes principais um LED infravermelho acoplado a um transístor de luz, e uma ponta de prisma transparente na frente. O LED projecta uma luz infravermelha para fora, quando a ponta do sensor é rodeada por ar, a luz reage ricocheteando na ponta antes de voltar para o transístor. Quando o sensor é mergulhado em líquido, a luz dispersa-se por todo o lado, e menos é devolvida ao transístor. A quantidade de luz reflectida para o transístor afecta os níveis de saída, tornando possível a detecção do nível do ponto.

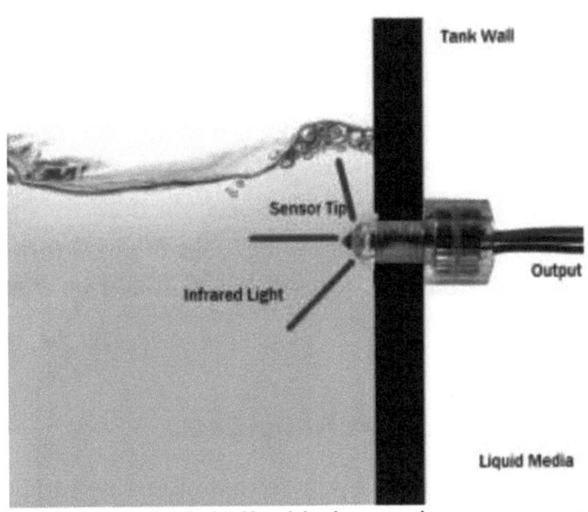

Figura 1.16: Indicador do nível de líquido baseado em sensor óptico

1.19.3 Sensores Electro-ópticos

Os sensores electro-ópticos são detectores electrónicos que convertem a luz, ou uma mudança na luz, num sinal electrónico. São utilizados em muitas aplicações industriais e de consumo, por exemplo:

- o Lâmpadas que se ligam automaticamente em resposta à escuridão
- o Sensores de posição que se activam quando um objecto interrompe um feixe de luz
- o Detecção de flash, para sincronizar um flash fotográfico com outro
- o Sensores fotoeléctricos que detectam a distância, ausência, ou presença de um objecto

1.20 SENSORES DE RADIAÇÃO (DETECTORES DE RADIAÇÃO)

Uma vez que não podemos ver, cheirar ou provar radiação, estamos dependentes de instrumentos para indicar a presença de radiação ionizante. A radiação é a energia que viaja sob a forma de partículas ou ondas em feixes de energia chamados fótons. Alguns exemplos diários são as microondas utilizadas para cozinhar alimentos, ondas de rádio para rádio e televisão, luz, e raios X utilizados em medicina.

A radioactividade é um processo natural e espontâneo pelo qual os átomos instáveis de um elemento emitem ou irradiam energia em excesso sob a forma de partículas ou ondas. Estas emissões são colectivamente chamadas radiações ionizantes. Dependendo de como o núcleo perde este excesso de energia, ou resulta num átomo de energia inferior da mesma forma, ou um núcleo completamente diferente e o átomo pode ser formado.

A ionização é uma característica particular da radiação produzida quando os elementos radioactivos se decompõem. Estas radiações são de uma energia tão elevada que quando interagem com os materiais, podem remover electrões dos átomos do material. Este efeito é a razão pela qual a radiação ionizante é perigosa para a saúde e fornece os meios através dos quais a radiação pode ser detectada.

1.21 TIPOS DE DETECTORES DE RADIAÇÃO

Existem principalmente três tipos de detectores de radiação: Detectores de cintilação e detectores cheios de gás (contador Geiger-Mueller).

1.21.1 Detector de cintilação

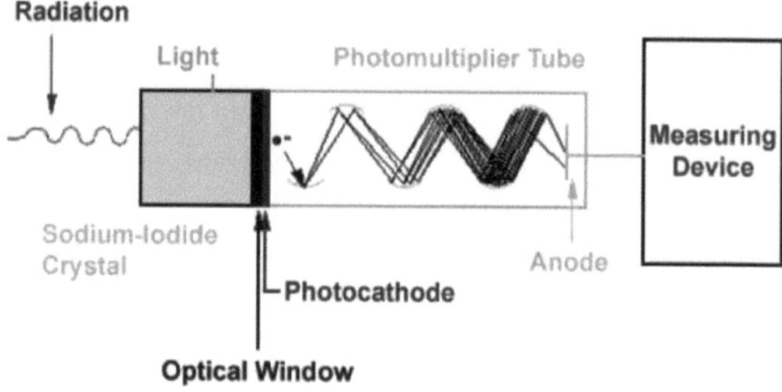

Figura 1.17: Detector de cintilação

O princípio básico por detrás deste instrumento é a utilização de um determinado material que brilha ou "cintila" quando a radiação interage com ele. O tipo de material mais comum é um tipo de sal chamado iodeto de sódio.

A luz produzida a partir do processo de cintilação é reflectida através de uma janela transparente onde interage com um dispositivo chamado tubo fotomultiplicador. A primeira parte do tubo fotomultiplicador é feita de outro material especial chamado fotocátodo. O fotocátodo produz electrões quando a luz atinge a sua superfície. Estes electrões são então puxados para uma série de placas chamadas dínodos, através da aplicação de uma alta voltagem positiva. Quando os electrões do fotocátodo atingem o primeiro dínodo, são produzidos vários electrões para cada electrão inicial que atinge a sua superfície. Este "grupo" de electrões é então puxado em direcção ao dínodo seguinte, onde ocorre mais "multiplicação" de electrões. A sequência continua até se atingir o último dínodo, onde o impulso dos electrões é agora milhões de vezes maior do que era no início do tubo. Neste ponto, os electrões são recolhidos por um ânodo no fim do tubo, formando um impulso electrónico. O impulso é então detectado e exibido pelo instrumento.

1.21.2 Detectores de enchimento a gás

Este instrumento funciona com base no princípio de que à medida que a radiação passa pelo ar ou por um gás específico, ocorre a ionização das moléculas no ar. Quando uma alta voltagem é colocada entre duas áreas do espaço cheio de gás, os iões positivos serão atraídos para o lado negativo do detector (o cátodo), e os electrões livres viajarão para o lado positivo (o ânodo). Estas cargas são recolhidas pelo ânodo e pelo cátodo que formam então uma corrente mínima nos fios que vão para o detector. Ao colocar um dispositivo de medição de corrente susceptível entre os fios do cátodo e do ânodo, a pequena corrente é medida e exibida como um sinal. O instrumento mostra quanto mais radiação entrar na câmara, mais corrente. Existem muitos tipos de detectores cheios de gás, mas os dois mais comuns são a câmara de iões utilizada para medir grandes quantidades de radiação e o Geiger-Muller ou detector GM utilizado para medir quantidades mínimas de radiação.

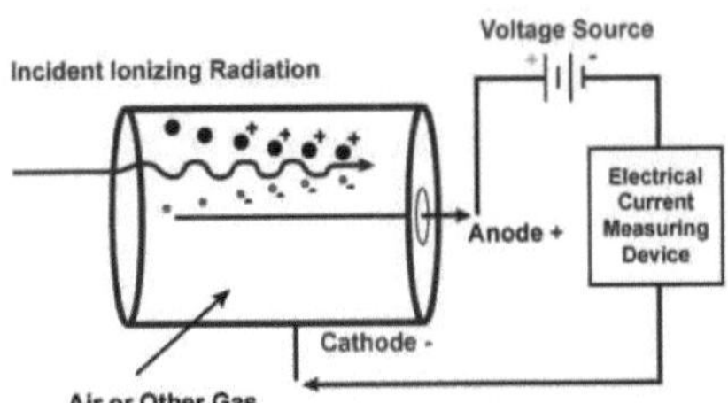

Figura 1.18: Detector de gás (Geiger Muller Detector)

1.21 SENSOR DE GÁS (DETECTOR DE GÁS)

Um sensor de gás é um dispositivo que detecta e quantifica a presença (qualitativa) ou a concentração de gases (quantitativa) num volume específico, utilizando regularmente o ar como ambiente de referência.

Um detector de gás é um dispositivo que detecta a presença de gases numa área, muitas vezes como parte de um sistema de segurança. Este tipo de equipamento é utilizado para detectar uma fuga de gás ou outras emissões e pode fazer interface com um sistema de controlo para que um processo possa ser automaticamente encerrado.

Os sensores convencionais incluem sensores de gás combustível, detectores de fotoionização, sensores de ponto infravermelho, sensores ultra-sónicos, sensores de gás electroquímico, e sensores de semicondutores. Mais recentemente, os sensores de imagem infravermelhos entraram em uso.

1.22.1 Classificação dos detectores de gás

Os detectores de gás podem ser classificados de acordo com o mecanismo de funcionamento (semicondutores, oxidação, catalisadores, fotoionização, infravermelhos, etc.). Os detectores de gás vêm embalados em dois factores principais: dispositivos portáteis e detectores de gás fixos.

Os detectores portáteis são utilizados para monitorizar a atmosfera à volta do pessoal e são mantidos à mão ou usados em vestuário ou numa cinta/articulação. Estes detectores de gás são normalmente operados a pilhas. Transmitem avisos através de sinais audíveis e visíveis, tais como alarmes e luzes intermitentes, quando são detectados níveis perigosos de vapores de gás.

Os detectores de gás de tipo fixo podem ser utilizados para a detecção de um ou mais tipos de gás. Os detectores de tipo fixo são geralmente montados perto da área de processo de uma instalação ou sala de controlo, ou de uma área a proteger, tal como um quarto de dormir privado. Geralmente, os sensores industriais são instalados em estruturas fixas de aço macio, e um cabo liga os detectores a um sistema SCADA para monitorização contínua. Um bloqueio de disparo pode ser activado para uma emergência.

Controlo de supervisão e aquisição de dados (SCADA) é uma arquitectura de sistema de controlo que utiliza computadores, comunicações de dados em rede e interfaces gráficas de utilizador para a gestão de supervisão de processos de alto nível, mas utiliza outros dispositivos periféricos tais como um controlador lógico programável (PLC) e controladores

PID discretos para fazer interface com a instalação ou maquinaria do processo.

1.22.2 Aplicações dos detectores de gás

- Este tipo de dispositivo é amplamente utilizado na indústria e pode ser encontrado em locais, tais como em plataformas petrolíferas, para monitorizar processos de fabrico e tecnologias emergentes, tais como a fotovoltaica.

- Os detectores de gás podem ser utilizados nas indústrias para detectar
  - Gases combustíveis o gases inflamáveis e o tóxicos, e esgotamento de oxigénio
- São utilizados no combate a incêndios
- A exposição a gases tóxicos também pode ocorrer em operações/indústrias, tais como
  - pintura, o fumigação, o enchimento de combustível, o construção,
  - escavação de solos contaminados, o operações de aterro sanitário,
  - entrar em espaços confinados, o refinarias,
  - fabrico de produtos farmacêuticos, o fábricas de pasta de papel,
  - aeronaves e instalações de construção naval
- São utilizados em instalações de tratamento de águas residuais
- Em veículos
- Em testes de qualidade do ar interior
- Em testes de qualidade do ar em casa

REFERÊNCIAS

> https://en.wikipedia.org/wiki/Sensor_resolution
> https://en.wikipedia.org/wiki/Nanosensor
> https://www.ametherm.com/blog/thermistors/temperature-sensor-types
> http://www.dpstar.com.my/temperature-sensor/
> https://en.wikipedia.org/wiki/Heat_detector
> https://www.thoughtco.com/how-does-doppler-radar-work-2699232
> https://planetcalc.com/2351/
> https://www.globalspec.com/learnmore/sensors_transducers_detectors/electrical_el
> https://en.wikipedia.org/wiki/Current_sensor
> http://www.mathworks.com/help/physmod/simscape/ref/voltagesensor.html
> https://www.electrical4u.com/voltage-sensor/
> https://www.globalspec.com/learnmore/sensors_transducers_detectors/electrical_el
> https://www.mpcomagnetics.com/product/ndfeb-sensor-rod-magnet-n35sh-d2-x8mm/
> https://en.wikipedia.org/wiki/Pressure_sensor
> https://en.wikipedia.org/wiki/Venturi_effect
> https://en.wikipedia.org/wiki/Flow_measurement
> https://en.wikipedia.org/wiki/Position_sensor
> http://www.ewinsonic.com/automation/sensor.html
> https://unacademy.com/lesson/optical-sensor/BRYPE2GO
> https://www.elprocus.com/optical-sensors-types-basics-and-aplicações/
> https://www.equipcoservices.com/support/tutorials/introduction-to-radiação-moni

CAPÍTULO 2

DISPOSITIVOS SENSORES INORGÂNICOS BASEADOS EM NANO

2.1 SENSOR DE GÁS DA NANOESTRUTURA

Um sensor de gás tem duas partes principais: um elemento sensor de gás e um transdutor. Quando uma molécula de gás é adsorvida na superfície do elemento sensor de gás, produz uma resposta, que é traduzida num sinal mensurável por um transdutor. A alteração do sinal pode ser detectada através de um processador de sinal. A figura 2.1. mostra o diagrama esquemático de um sensor de gás.

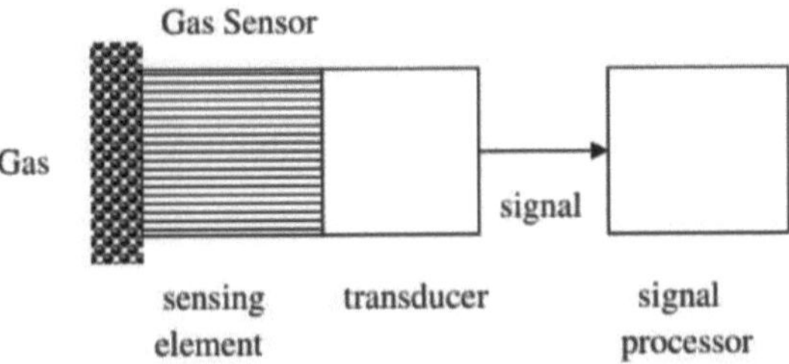

Figura 2.1: Uma representação esquemática de um sensor de gás

O gás tem de estar intimamente ligado aos elementos de detecção. A adsorção de gás na superfície ocorre porque os átomos ou iões na superfície do sólido não podem satisfazer plenamente os seus requisitos de valência ou coordenação. Existem dois tipos de adsorção: (a) fisisorção, a fraca atracção do gás sobre um sólido devido às forças de van der Waals, e (b) quimiorção, na qual o gás se adsorve no sólido com elevada energia superficial através de uma troca de electrões com a superfície, formando ligações químicas.

Factores de desempenho: Os valores de mérito mais importantes para os sensores de gás são a sensibilidade, tempo de resposta, concentração mínima detectável de gás, repetibilidade (método de recuperação, tempo de recuperação), e selectividade.

- Sensibilidade: A relação entre os parâmetros medidos e a sensibilidade é definida para <1. Os parâmetros medidos após (ou antes) da exposição ao gás detectado são divididos pelo antes (ou depois) da exposição, dependendo dos valores relativos de dois parâmetros.

- Tempo de resposta: A duração de tempo para o parâmetro mudar numa certa percentagem do seu valor original.

- A concentração mínima de gás detectável: A mais baixa concentração de gás que pode ser detectada.

- Repetibilidade: Os sensores de gás podem ser reutilizados; isto inclui o método e o tempo de recuperação.

- Método de recuperação: O método utilizado para permitir que o sensor regresse ao estado original após a detecção de gases.

- Tempo de recuperação: A duração do tempo para que o parâmetro regresse ao seu valor original.

- Selectividade: Se o sensor pode dar um sinal significativo para alguns gases específicos.

2.2 DENSIDADE DE ESTADOS (DOS)

A densidade de estados (DOS) de um sistema descreve o número de estados por intervalo de energia em cada nível de energia disponível para ser ocupado. Um DOS elevado a um nível de energia específico significa que há muitos estados disponíveis para ocupação. Um DOS de zero significa que nenhum estado pode ser ocupado a esse nível de energia. O DOS é normalmente representado por um dos símbolos g, p, D, n, ou N.

A densidade de estados descreve o número de estados que estão disponíveis num sistema e é essencial para determinar as concentrações de portadores e a distribuição de energia dos portadores dentro de um semicondutor.

A densidade de estados pode ser utilizada para calcular o número total de electrões numa banda. Se g(E) é o DOS, então o número total de electrões numa banda, S(E) é dado por

$$S(E) = \int_E g(E)dE$$

onde a integração é realizada em toda a banda de energia.

A densidade experimental dos estados de um material pode ser medida por espectroscopia fotoeléctrica ou microscopia de varrimento em túnel (STM) ou espectroscopia de perda de energia de electrões (EELS).

DOS de materiais 3D, 2D, 1D e 0D

Nos semicondutores, o livre movimento dos portadores é limitado a duas, uma e zero dimensões particulares. Ao aplicar estatísticas de semicondutores a sistemas nestas dimensões, a densidade de estados em poços quânticos (2D), fios quânticos (1D), e pontos quânticos (0D) deve ser conhecida.

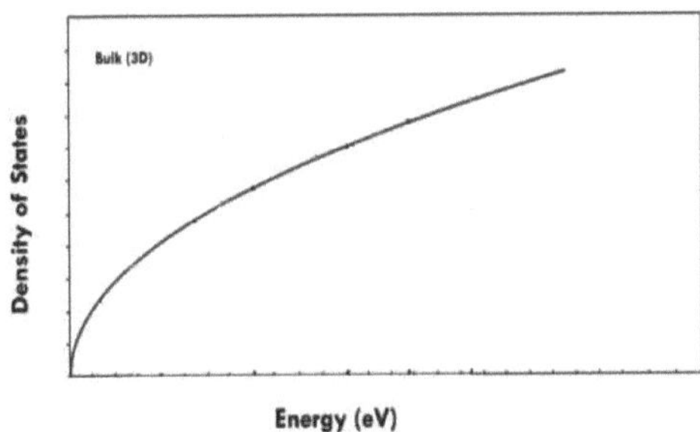

Figura 2.2: DOS vs. gráfico energético para materiais 3D

Para um sólido uniforme 3D o DOS é zero, uma vez que a energia é zero. À medida que a energia aumenta, o DOS também aumenta.

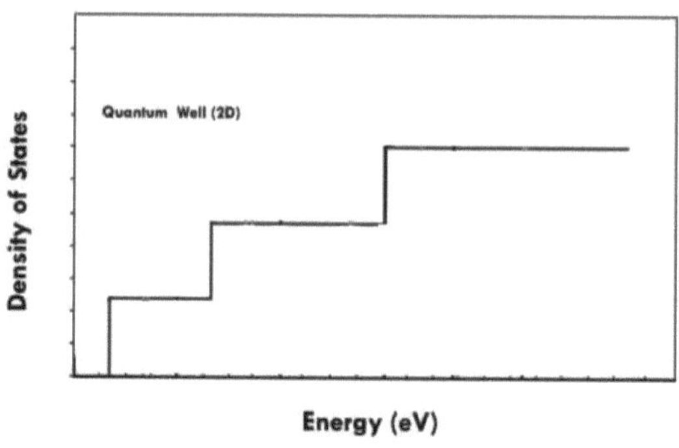

Figura 2.3: Gráfico DOS vs Energia para materiais 2D

Para um sólido 2D, a densidade da função dos estados é independente da energia, ao contrário do 3D, onde o DOS aumenta com a energia. É representado como uma função de passo em diferentes valores energéticos

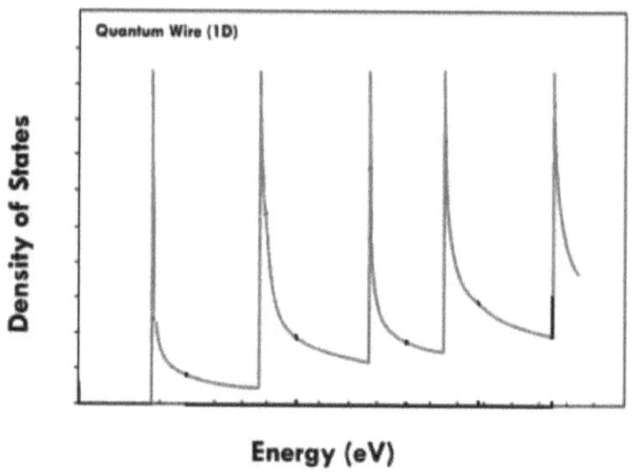

Figura 2.4: Gráfico DOS vs Energia para materiais 1D

Num sólido 1D, a densidade dos estados diminui com a energia. Para um sólido zerodimensional, os estados de energia são apenas discretos.

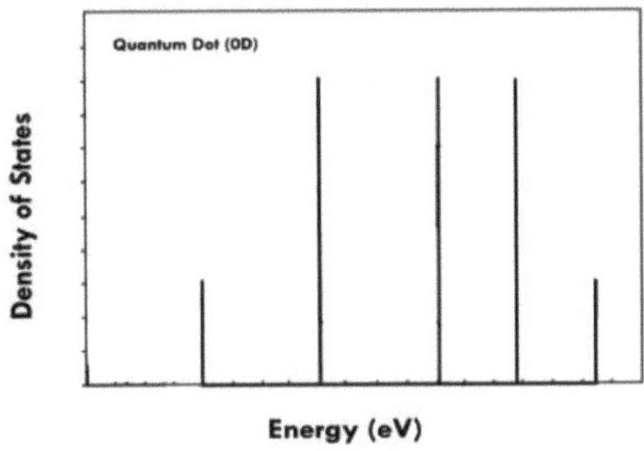

Figura 2.5: Lote DOS vs Energia para materiais 0D

Sólidos com duas, uma, e dimensão zero podem ser obtidos reduzindo o comprimento em uma ou mais dimensões. Um filme fino é um exemplo de um sólido bidimensional (ou um único ou bilayer de grafeno), enquanto um fio quântico é um sólido unidimensional. Um ponto quântico é um sólido zero-dimensional. A densidade dos estados e, consequentemente, as propriedades electrónicas destes materiais são diferentes de um sólido a granel.

2.3 SENSORES DE GÁS UNIDIMENSIONAIS

2.3.1 Nanoestruturas unidimensionais (1D)

As nanoestruturas 1-D utilizadas no fabrico de sensores de gás incluem os óxidos metálicos sob a forma de nanorodas, nanofios, nanofibras, nanotubos, nanobeltros, nanoribões, nanowhiskers, nanoneedles, nanopushpins, fibrematos, ouriços, lamelares e dendritos hierárquicos.

1D nanoestrutura tem sido produzida utilizando várias técnicas sintéticas tais como evaporação de fase de vapor, deposição química de vapor, sol-gel, método baseado em modelos, descarga de arco, ablação a laser, solução e oxidação térmica.

As nanoestruturas unidimensionais têm atraído muita atenção devido ao seu grande potencial em aplicações práticas. Em particular, tais estruturas são consideradas especialmente úteis em sensores de gás em estado sólido, com grande potencial para ultrapassar as limitações encontradas pela cerâmica de óxido metálico ou dispositivos de película fina. Em comparação com cerâmicas de óxido metálico ou sensores de película cerâmica, os sensores de gás de nanoestrutura 1D oferecem alta sensibilidade, baixas limitações detectadas, e baixas temperaturas de funcionamento.

2.3.2 Sensores de Gás de Nanoestrutura One-Dimensional (1D)

Um sensor de gás de nanoestrutura 1D utiliza materiais de nanoestrutura 1D como elementos de detecção. Um tipo do elemento sensor da estrutura 1D é baseado em cerâmica, como óxido de zinco (ZnO), óxido de estanho (SnO_2), óxido de índio (In_2O_3), e dióxido de titânio, ou titânia (TiO_2). O ZnO é um importante semicondutor do tipo n com uma ampla energia de bandgap (3.3 eV) e uma grande e excitante energia de ligação (60 meV) à temperatura ambiente. SnO_2 é um semicondutor do tipo n com uma abertura de banda de temperatura ambiente de 3,6 eV e uma elevada concentração portadora realizável (até 6 x 10^{20} cm^3). In_2O_3 é conhecido por ser um semicondutor do tipo n na sua forma não estequiométrica devido ao doping de oxigénio vacante.

2.3.3 Classificação com base no Arranjo de Nanoestruturas

Estas nanoestruturas podem ser dispostas de diferentes maneiras para o fabrico de um sensor. A disposição das nanoestruturas pode ser dividida em três grupos: (a) disposição de nanoestrutura única, (b) disposição alinhada e (c) disposição aleatória.

Arranjos de nanoestrutura única: A nanoestrutura é frequentemente ou um nanorodo ou um nanowire, dependendo da relação diâmetro/comprimento. Um único nanorod ZnO pode ser ligado a um fio de tungsténio electro-polido.

e posicionado sobre um substrato de vidro contendo um furo quadrado para a entrada de gás. O nanorod pode ser ligado aos eléctrodos externos como se mostra na figura 2.6 (a). Da mesma forma, utilizando uma técnica de elevação in-situ por feixe de iões focalizados (FIB), podem ser desenvolvidos sensores de gás de tripé e tetrapod a partir de nanorods de ZnO únicos.

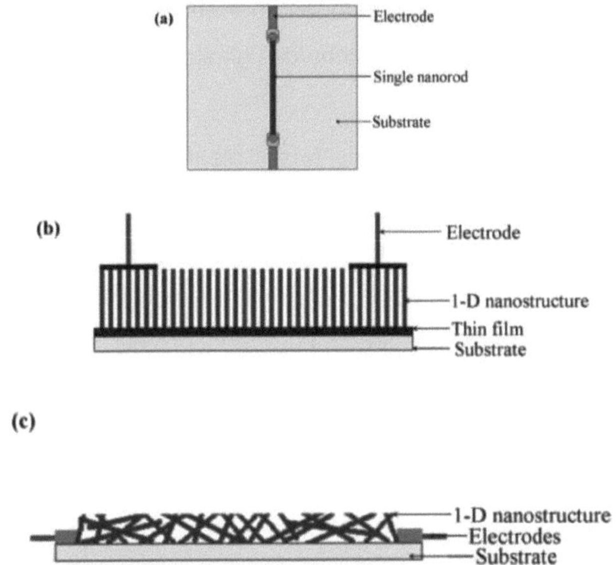

Figura 2.6: Esquema de fabrico de sensores contendo (a) uma única nanoestrutura, (b) nanoestruturas alinhadas, e (c) nanoestruturas distribuídas aleatoriamente.

Arranjos de nanoestruturas alinhadas: Para arranjos alinhados de nanoestruturas (Figura 2.6 (b)), as matrizes de nanoestruturas são normalmente cultivadas sobre uma película fina. Por exemplo, os sensores de gás podem ser concebidos contendo uma matriz de nanotubos de TiO_2 na qual os nanotubos de TiO_2 podem ser cultivados a partir de folha de Ti por anodização. Um tipo semelhante de sensor de gás pode ser desenvolvido para detectar etanol, no qual as matrizes de nanotubos de ZnO podem ser ensanduichadas entre um substrato de silício e uma película fina de índio. A película fina de índio fornece o contacto óhmico, e uma folha de cobre pode ser utilizada como eléctrodo.

Arranjos de nanoestrutura distribuídos aleatoriamente: Os sensores nanoestruturados distribuídos aleatoriamente (figura 2.6 (c)) podem ter três variações: (i) nanoestruturas distribuídas aleatoriamente sob a forma de filme, (ii) nanoestruturas distribuídas aleatoriamente depositadas na circunferência de um tubo e (iii) nanoestruturas distribuídas aleatoriamente pressionadas sob a forma de comprimido.

Nanoestruturas distribuídas de forma aleatória sob a forma de filme: Esta é uma prática comum, em que as nanoestruturas em crescimento são directamente revestidas sobre o substrato através de uma técnica padrão, como o revestimento por spin. Por exemplo, as nanoestruturas ZnO distribuídas aleatoriamente, dispersas em etanol por ultra-sons, e podem ser directamente revestidas sobre um substrato interdigitado à base de silício através de revestimento spin para formar uma película. Por vezes, o crescimento e fixação de nano-fios com o substrato é integrado com a formação do dispositivo.

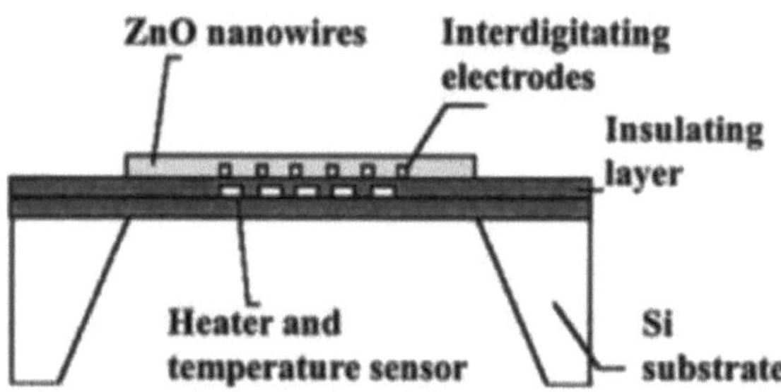

Figura 2.7: Representando exemplo de nanoestruturas distribuídas aleatoriamente sob a forma de um filme

Nanoestruturas distribuídas aleatoriamente depositadas sobre a circunferência de um tubo: Os sensores do tipo tubo são apenas uma variação dos sensores nanoestruturados do tipo película distribuídos aleatoriamente onde a superfície plana é moldada a um tubo. Este tipo de sensor consiste num tubo cerâmico que actua como um substrato, como mostra a figura. AhO3 é normalmente utilizado como material do tubo. Os materiais dos sensores de gás 1-D revestem a superfície do tubo

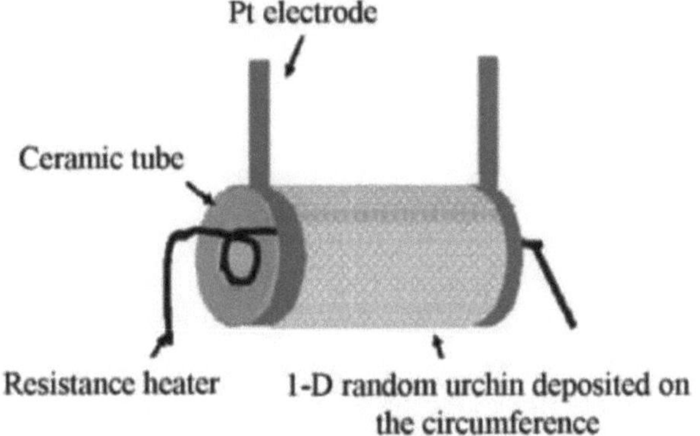

Figura 2.8: Exemplo de nanoestruturas distribuídas aleatoriamente depositadas sobre a circunferência de um tubo

As nanoestruturas distribuídas aleatoriamente também podem ser usadas para fabricar sensores do tipo mesa. Por exemplo, os nanorods ZnO podem ser formados em forma de pellets sob pressão (de cerca de 6 MPa). A pasta de prata de alta pureza pode ser utilizada como um eléctrodo e fixada na parte frontal e traseira das pastilhas de ZnO através de revestimento de spin.

2.4 SENSORES DE GÁS DE PELÍCULA FINA NANOESTRUTURADOS

Filmes espessos e abordagens de filmes finos

A abordagem de película espessa explora uma estrutura granular e porosa, permitindo a difusão de gás dentro da camada de modo a que a parte interna da camada seja também exposta a moléculas gasosas.

A vantagem da abordagem da película fina é a reprodutibilidade, graças à sua geometria simples que não envolve caminhos percolativos para a condução eléctrica (que ocorrem em películas espessas). Por outro lado, apresenta uma área de superfície limitada, próxima da área geométrica, reforçada por um factor relativamente pequeno em função da rugosidade da superfície. Isto limita a sensibilidade do dispositivo em relação ao desempenho obtido com a tecnologia de película espessa.

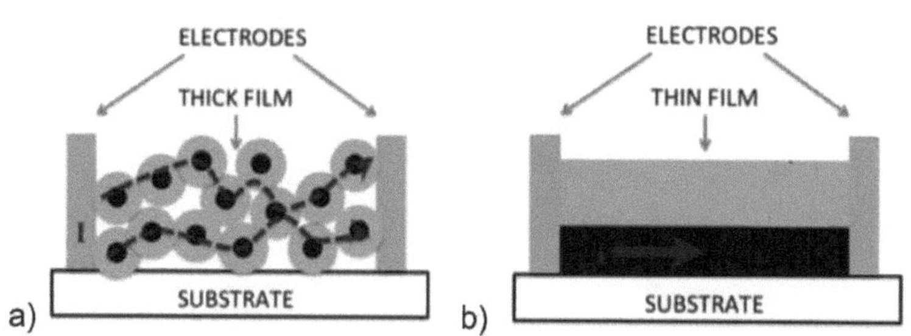

Figura 2.9: Representação esquemática da condução electrónica em a) película espessa,

e b) sensor de gás de película fina

2.5 NANOSTRUCTUR Figura 2.10: Representação esquemática de sensores de gás semicondutor de óxido metálico/VOC

SENSORES DE GÁS DE PELÍCULA FINA DE ÓXIDO DE METAL ED

Muitos óxidos metálicos são adequados para a detecção de gases

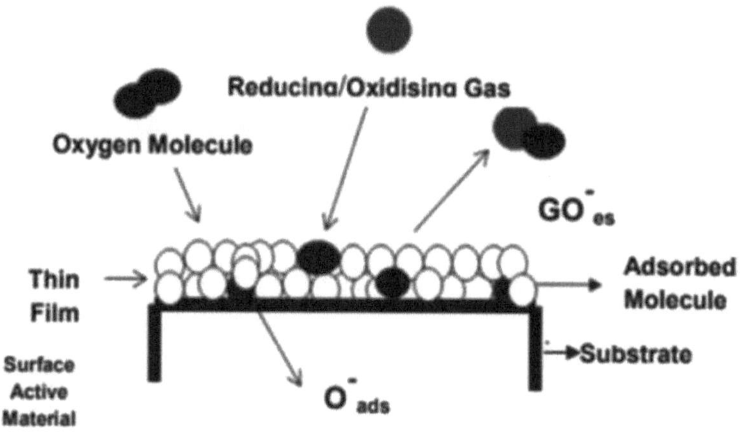

combustíveis, redutores ou oxidantes através de medições condutivas. Os óxidos seguintes mostram uma resposta de gás na sua condutividade: Q_2O_3, Mn_2O_3, Co_3O_4, NiO, CuO, SrO, In_2O_3, WO_3, TiO_2, V_2O_3, Fe_2O_3, GeO_2, Nb_2O_5, MoO_3, Ta_2O_5, La_2O_3, CeO_2, Nd_2O_3. Os óxidos metálicos seleccionados para sensores de gás podem ser determinados a partir da sua estrutura electrónica. A gama de estruturas electrónicas de óxidos é tão ampla que os óxidos metálicos foram divididos em duas das seguintes categorias:

(1) Óxidos de metais de transição (Fe_2O_3, NiO, C_2O_3, etc.)

(2) Óxidos de metais não-transição, que incluem: (a) óxidos de metais pré-transição (Al_2O_3, etc.) e (b) óxidos de metais pós-transição (ZnO, SnO_2, etc.).

2.5.1 Tipos de sensores de gás de película fina de óxido metálico nanoestruturado

Actualmente, os sensores de nanoestruturas de óxido metálico são de três tipos:

- condutométrica,

- transistor de efeito de campo (FET), e

- impedométricos.

O tipo FET é normalmente explorado para fabricar sensores com base em conjuntos de nanomateriais semicondutores unidimensionais (1D), que têm um processo de fabrico complicado.

Os sensores do tipo impedométrico baseiam-se em mudanças de impedância e são operados sob tensão alternada após exposição às espécies alvo, o que ainda não atraiu muita atenção.

O tipo conductométrico é o sensor de gás mais comum que é adequado para a maioria dos nanomateriais. Existem dois tipos de estruturas de dispositivos nos sensores conduométricos: directamente aquecidos e indirectamente aquecidos. Uma estrutura do tipo directamente aquecida significa que o aquecedor é contactado com o material sensor, que pode carecer de estabilidade e capacidade anti-interferência, pelo que a maioria dos actuais sensores de gás baseados em nanoestruturas são estruturas do tipo indirectamente aquecidas.

2.5.2 Mecanismo de detecção

Os sensores de gás baseados em nanoestruturas de óxido de metal consistem geralmente em três partes, ou seja, película de detecção, eléctrodos e aquecedor. As nanoestruturas de óxido metálico reagem sob a forma de uma película que mudará a resistência após exposição aos gases alvo. Um par de eléctrodos é utilizado para medir a resistência da película de detecção. Normalmente, os sensores de gás são fornecidos com um aquecedor para que sejam aquecidos externamente para atingir uma temperatura de trabalho óptima.

Os sensores de gás condutométricos, também chamados quimiosistores, transduzem a presença na atmosfera de um dado composto químico através de uma variação da sua resistência eléctrica. São baseados em óxidos metálicos semicondutores, cujas propriedades eléctricas são moduladas por interacções de óxidos vermelhos com moléculas gasosas adsorventes. Em particular, espécies activas, tais como O-, O_2-, O^2 -, OH-, foram identificadas como os centros activos responsáveis pelas reacções de óxidos vermelhos acima referidas.

As fórmulas seguintes podem descrever a sequência de processos envolvidos na adsorção de oxigénio na superfície do óxido metálico:

$$O_{2\,(gas)} \leftrightarrow O_{2\,(adsorbed)}$$

$$O_{2\,(adsorbed)} + e^- \leftrightarrow O_2^-{}_{(adsorbed)}$$
(2)

$$O_2^-{}_{(adsorbed)} + e^- \leftrightarrow 2O^-{}_{(lattice)}$$

Num semicondutor do tipo n, os portadores de carga maioritários são os electrões. Quando interage com um gás redutor, ocorre um aumento da condutividade. Por outro lado, um gás oxidante esgota os portadores de carga, levando a uma diminuição da condutividade.

Do mesmo modo, no caso de semicondutores do tipo p, em que os orifícios positivos são os portadores de carga maioritários, observa-se um aumento da condutividade na presença de gás oxidante (o gás alvo aumenta o número de portadores de carga positiva ou orifícios). Por outro lado, observa-se um aumento da resistência na presença de gás redutor, onde a carga negativa introduzida no material reduz a concentração do portador de carga positiva (furo).

Para um elemento sensor de tipo n, a resistência dos gases oxidantes aumenta e a resistência da redução de gases diminui. Para um elemento sensor do tipo p, a resistência dos gases oxidantes diminui e a resistência da redução de gases aumenta.

Os óxidos metálicos utilizados como sensores do tipo n são ZnO, MgO, TiO_2, SnO_2, In_2O_3, Al_2O_3, Ga_2O_3, V_2O_5, Nb_2O_5, e ZrO_2. Os óxidos metálicos utilizados como tipo p são Y_2O_3, La_2O_3, CeO_2, NiO, PdO, Ag_2O, Bi_2O_3, Sb_2O_3, e TeO_2.

2.5.3 Modificação de superfície por Partículas de Metal Nobre

Em muitos sensores de gás, a resposta de condutividade é determinada pela eficiência das reacções catalíticas com participação de gás detectado, ocorrendo na superfície do material sensor de gás. Portanto, o controlo da actividade catalítica do material sensor de gás é um dos meios mais comummente utilizados para melhorar o desempenho dos sensores de gás.

No entanto, na prática, os materiais de óxido metálico com detecção de gás amplamente utilizados, tais como TiO_2, ZnO, SnO_2, Cu_2O, Ga_2O_3, Fe_2O_3, são os menos activos do ponto de vista catalítico.

Os metais nobres são catalisadores de oxidação de alta eficácia, e esta capacidade pode ser utilizada para melhorar as reacções nas superfícies dos sensores de gás. Tem havido muitos relatórios para melhorar a sensibilidade modificada por metais nobres, tais como Pt, Au, Pd, Ag, etc.

Uma grande diversidade de métodos, incluindo impregnação, sol-gel, pulverização e evaporação térmica, tem sido utilizada para introduzir aditivos metálicos nobres em semicondutores de óxido. Diferentes métodos podem obter diferentes estados de dopagem. Uma mistura de partículas de metais nobres e óxidos de metais pode ser obtida pelo método sol-gel, enquanto os óxidos de metais modificados por partículas de metais nobres na superfície são possivelmente obtidos por pulverização catódica ou evaporação térmica.

2.6 SENSORES NANO ÓPTICOS

2.6.1 Sensores Ópticos

Um sensor óptico é um dispositivo que converte os raios de luz em sinais electrónicos. Semelhante a um fotossistor, mede a quantidade física de luz e traduz-a para uma forma lida pelo instrumento.

Hoje em dia, os Sensores Ópticos são utilizados em numerosas investigações e aplicações comerciais, tais como para controlo de qualidade e processos, tecnologias médicas, metrologia, imagiologia, e detecção remota. Existem muitos tipos de sensores ópticos; muitos baseados no uso de lasers, sistemas de imagem e fibras. Além disso, estão continuamente a ser desenvolvidos novos métodos de sensores que permitem uma detecção mais avançada, utilizando novos materiais, tais como metamateriais, materiais micro e nanoestruturados ou empregando novas bandas de frequência.

2.6.2 Vantagens dos Sensores Ópticos

Abaixo é fornecida uma lista de algumas das vantagens dos sensores ópticos em relação aos não ópticos.

* Maior sensibilidade

* Passividade eléctrica

* Liberdade de interferência electromagnética

* Vasta gama dinâmica

* Ambos os pontos e configuração distribuída

* Capacidades de multiplexagem

2.6.3 Limitações dos Sensores Ópticos

Houve enormes progressos no campo dos sensores ópticos durante a última década, mas apesar disso, existem ainda questões desafiantes que precisam de ser resolvidas. Estes incluem:

* Facilidade de multiplexagem;

* Monitorização remota em tempo real com detecção rápida e sem etiquetas;

* Tamanho ultra-compacto; e

* Eficiência do acoplamento entrada/saída.

Embora várias plataformas ópticas modernas, tais como fibras ópticas, plasmónicas, e estruturas fotónicas de banda, tenham sido utilizadas separadamente para desenvolver vários dispositivos de detecção, só recentemente foram reconhecidas as tremendas vantagens da sua combinação.

2.6.4 Abordagens para Sensores Nano Ópticos

As propriedades únicas de transmissão de materiais micro e nanoestruturados, incluindo estruturas de bandgap fotónicas e metamateriais ópticos, combinadas com tecnologia de fibra óptica madura, podem ser utilizadas para conceber e demonstrar várias abordagens inovadoras para a realização de matrizes de sensores ultra-compactas e multifuncionais.

Três novas classes de sensores são possíveis:

- Dispositivos anti-resonantes, reflectores, refractométricos à base de fibra óptica e optofluídicos;

• matrizes de sensores multicoloridas, altamente direccionais com base em fótona-banda; e

• dispositivos sensíveis à polarização baseados em estruturas de metamateriais magnéticos acoplados a fibras

A primeira categoria de sensor proposto baseia-se em fibras de cristal fotónico (PCFs), que são uma nova classe de fibras ópticas contendo orifícios de ar com diâmetro entre 25 nm e 50 pm.

A segunda abordagem é um desenho para um conjunto compacto de sensores de emissão vertical baseado em estruturas de bandgap fotónicas submicrónicas de vários anéis.

A terceira tecnologia que permite a utilização de metamateriais fotónicos (MMs), que são nanoestruturas artificiais que oferecem oportunidades quase ilimitadas de conceber materiais com propriedades inovadoras, tais como índices de refracção positivos, negativos, e mesmo nulos.

2.7 SENSORES NANOMECÂNICOS

Os sensores nanomecânicos detectam mecanicamente as substâncias alvo. Significa que os sensores nanomecânicos respondem à mudança de "volume" ou "massa" induzida pela adsorção de substâncias alvo. Não há substâncias que não tenham volume e massa. Assim, os sensores nanomecânicos podem detectar quase todos os tipos de substâncias.

Devido a esta versatilidade intrínseca, os sensores nanomecânicos são esperados como uma nova plataforma de sensores para várias aplicações, incluindo aplicações médicas, de segurança e ambientais.

O movimento mecânico (deformação, deformação, etc.) dos sensores nanomecânicos está tipicamente na gama de nanómetros, mas o tamanho do elemento sensor não se encontra necessariamente na gama de nanómetros. Em vez disso, encontra-se normalmente na gama de micrómetros. Tecnicamente, é impossível compreender **Stress de Superfície em Nano-Cantilevers**

Os cantilevers nano-mecânicos têm demonstrado grande promessa em relação a aplicações de detecção e análise de alto rendimento. Podem, em princípio, detectar com grande sensibilidade e selectividade uma grande variedade de analitos, incluindo explosivos, gases perigosos, fios de ADN, ou mesmo pequenas moléculas de fragrância.

A estrutura básica consiste frequentemente numa camada de revestimento receptor sobre um cantilever bimorfo. Um bimorfo é um cantilever utilizado para actuação ou detecção que consiste em duas camadas activas. Em aplicações de detecção, a dobragem do bimorfo produz tensão.

As interacções entre o analito e o receptor induzem tensões superficiais no lado superior do cantilever (geralmente um metal como Au) resultando na deflexão do cantilever.

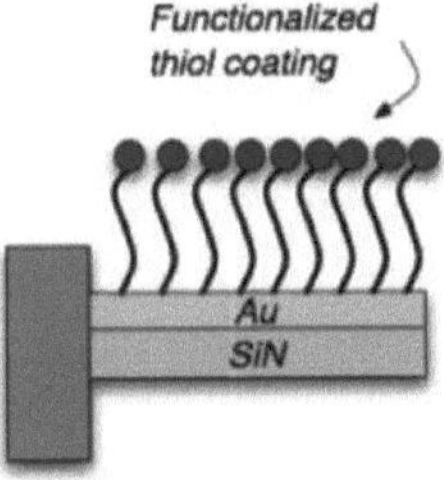

Figura 2.11: Um cantiléver biomórfico

2.8 SENSORES DE RESSONÂNCIA PLASMONAR COM NANOPARTÍCULAS

A ressonância do plasma de superfície (SPR) - que é a oscilação colectiva dos electrões deslocalizados em resposta a um campo eléctrico externo (luz) - é um fenómeno óptico muito sensível e pode ser utilizado para uma grande variedade de fins de detecção (sensores químicos, sensores de gás, biosensores, etc.).

Quando a ressonância plasmónica se forma sobre um grupo de nanopartículas (NPs) cria uma ressonância plasmónica de superfície localizada (LSPR). A frequência de ressonância das nanopartículas depende das propriedades dieléctricas dos meios circundantes para que as arrays NP possam ser utilizadas como elementos sensores ópticos. Em comparação com o SPR clássico, onde normalmente são utilizadas películas finas de metal (como ouro ou prata) em configuração óptica reflectora, os transdutores LSPR podem ser utilizados numa configuração transmissiva, que é significativamente mais simples de integrar em dispositivos pequenos, de mão. Possíveis áreas de aplicação de tais dispositivos são, por exemplo, sensores de gás ou biossensores para detecção de proteínas sem rótulos ou biomarcadores.

2.8 SENSOR DE ÍMAN ANISOTRÓPICO DE RESISTÊNCIA (AMR)

A magnetoresistência é a tendência de um material (de preferência ferromagnético) para alterar o valor da sua resistência eléctrica num campo magnético aplicado externamente.

A resistência magnética anisotrópica (AMR) é a propriedade de um material em que se observa uma dependência da resistência eléctrica do ângulo entre a direcção da corrente eléctrica e a orientação do campo magnético, ou seja, o efeito se anisotrópico.

O sensor AMR consiste na placa Si ou de vidro, e a película fina de uma liga formada na placa. O ingrediente principal da liga são metais ferromagnéticos, tais como Ni e Fe. A resistência do metal da película fina ferromagnética formada varia de acordo com a resistência do campo magnético aplicado com uma direcção específica. Um sensor que utiliza este efeito é o sensor AMR. Uma vez que a sua resistência varia de acordo com a direcção específica do campo magnético, o sensor chama-se sensor AMR (Anisotropic Magneto Resistance - resistência magnética anisotrópica).

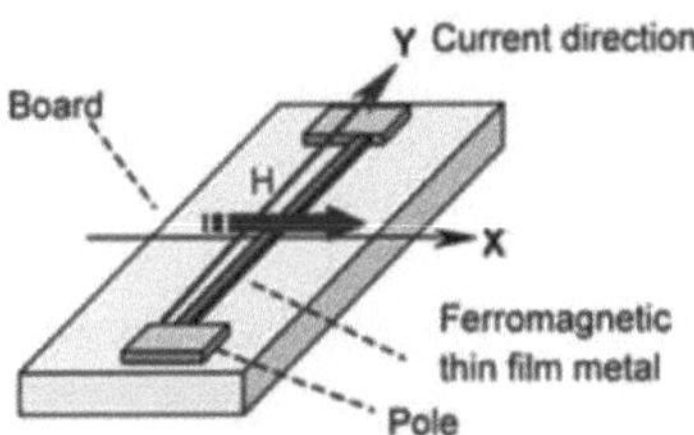

Figura 2.12: Representação esquemática da resistência do campo e do metal da película fina ferromagnética

Como mostra a figura 2.12, ao aplicar a corrente ao metal da película fina ferromagnética, e ao aplicar o campo magnético H à direcção X, que é vertical à direcção da corrente Y, a resistência diminui de acordo com a força do campo magnético.

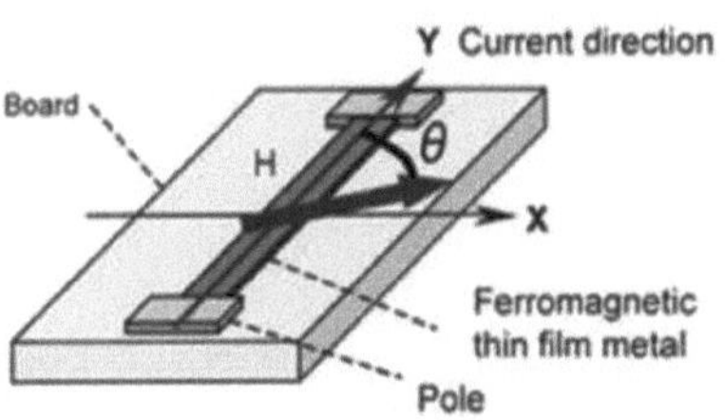

Figura 2.13: Representação esquemática da direcção do campo e do metal da película fina ferromagnética

Em seguida, nota-se sobre o caso como mostra a figura 2.13 que a corrente é aplicada ao metal da película fina ferromagnética, o campo magnético é aplicado com a força onde a quantidade de mudança de resistência será saturada, e a direcção da lima faz com que o ângulo mude 9 com a direcção da curva Y.

REFERÊNCIAS

http://dictionary.sensagent.com/density%20of%20states/en-en/

http://www.mdpi.eom/1424-8220/12/6/7207/pdf

http://www.mdpi.com/1424-8220/12/12/17023/pdf

http://www.mdpi.eom/1424-8220/12/3/2610/pdf

http://www.mdpi.eom/1424-8220/10/3/2088/htm

https://www.wisegeek.com/what-is-an-optical-sensor.htm

http://www.spie.org/newsroom/4129-optical-sensors-from-micro-to-nano-and-além

http://y-genki.net/?page_id=138

http://web.mit.edu/jcg/www/Nanomechanical_Sensing.html

https://en.wikipedia.org/wiki/Magnetoresistance

http: //wwww. hkd.co.jp/english/am r_tec_a m r/

CAPÍTULO 3
SISTEMAS NANOELECTROMECÂNICOS

3.1 INTRODUÇÃO AOS NEMS

Os dispositivos mecânicos à escala do mícron encontraram aplicações tecnológicas críticas nas últimas décadas. Estes elementos micromecânicos juntamente com os seus circuitos de controlo microelectrónico são chamados sistemas microelectromecânicos (MEMS). Os MEMS encontraram aplicações bem sucedidas em alguns produtos de consumo; também, dispositivos MEMS específicos, como por exemplo a microcantilever, surgiram como uma plataforma essencial para medições críticas em física experimental.

Dado o sucesso do MEMS e o potencial que a nanoescala tem para oferecer, surgiu um efeito severo nos dispositivos sub-mecânicos desenvolvidos - simplesmente referidos como sistemas nanoelectromecânicos (NEMS).

Ressonador NEMS

Com poucas excepções notáveis, a maioria dos NEMS operados até à data são dispositivos ressonantes - tais como simples garfos de afinação ou ressonador de quartzo. O ressonador NEMS é normalmente realizado sob a forma de vigas de suspensão livre com duplo grampo ou cantilever, como se mostra na figura 3.1.

Em funcionamento ressonante, actua-se o elemento nanomecânico harmonicamente na sua frequência de ressonância fundamental; a resposta mecânica subsequente, nomeadamente o movimento do dispositivo é detectado no domínio electrónico ou óptico.

Neste regime de tamanho, os NEMS ressonantes vêm com as frequências de ressonância fundamental extremamente elevadas que se estendem até às microondas. A constante de mola eficaz de um ressonador NEMS é tipicamente muito mais baixa do que uma onda acústica de volume (BAW) ou um ressonador de onda acústica de superfície (SAW) a operar na mesma gama de frequências.

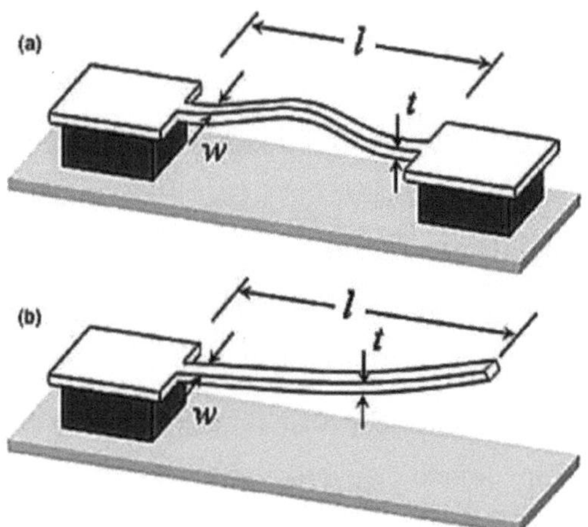

Figura 3.1: (a) A Clamped- Clamped (Duplamente Clamped), (b) A Cantilevered
Viga.

3.2 NANO MAQUINAGEM DE NEMS COM BASE NA LITOGRAFIA DE FEIXE ELÉCTRICO

O processo mais simples para a aplicação de padrões de semicondutores NEMS é referido como nano maquinagem de superfície. A nano maquinagem de superfície pode ser considerada como uma extensão da micro maquinagem a granel de MEMS nas escalas de comprimento submicron. Aqui, a fabricação de NEMS é tipicamente realizada sobre uma pastilha semicondutora com uma heteroestrutura composta por camadas estruturais e sacrificial no topo de um substrato.

Um primeiro define as almofadas de contacto de grande área usando litografia óptica. As extensões à escala nanométrica são realizadas através de litografia por feixe de electrões: o próprio nanodispositivo, ou seja, elemento nanomecânico, é modelado através de litografia por feixe de electrões (EBL). Este padrão de máscara é transferido para a camada sacrificial usando uma gravura anisotrópica.

Nano-maquinagem de superfície de NEMS

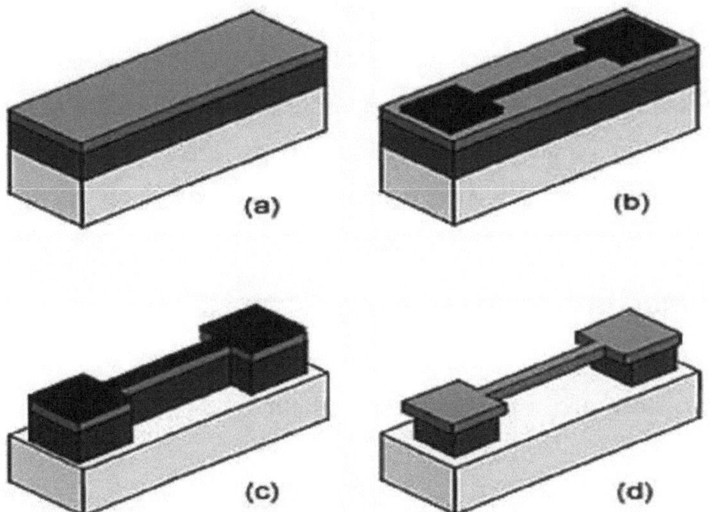

Figura 3.2: Nanomáquinas de superfície de NEMS

O processo genérico de nanomáquinas de superfície do NEMS é apresentado na figura 3.2. O processo é o seguinte:

a) A fabricação começa em heteroestruturas semicondutoras com camadas estruturais (topo) e sacrificial (meio) no topo de um substrato (fundo).

b) Primeiro, uma máscara de gravura é definida usando litografia óptica, litografia por feixe de electrões (LBE), deposição de filme e descolagem.

c) Depois, o padrão é transferido para a camada sacrificial usando um gravura anisotrópica, tal como uma gravura de plasma.

d) Finalmente, a camada sacrificial sob a estrutura é removida usando uma gravura selectiva. As estruturas podem ser metalizadas após ou durante o processo, dependendo dos requisitos específicos de medição.

Finalmente, a camada sacrificial sob a estrutura é removida utilizando uma gravura selectiva.

Técnicas de nano maquinagem de superfície têm sido utilizadas para fabricar estruturas suspensas a partir de diferentes materiais tais como silício, arsenieto de gálio, carboneto de silício, nitreto de alumínio, diamantes nanocristalinos e nitreto de silício amorfo.

A maioria destes materiais está disponível com a elevada pureza, cultivados com controlo preciso da espessura da camada. Este último aspecto permite um controlo dimensional na dimensão vertical ao nível da monocamada. Isto é compatível com a precisão dimensional lateral da EBL.

3.3 FABRICO DE SISTEMAS NANOELECTROMECÂNICOS

Existem três processos básicos na tecnologia NEMS: Processos de deposição, Litografia, e processos de Etching.

3.3.1 Processo de deposição

Um dos blocos de construção básicos no processamento NEMS é a capacidade de depositar películas finas de materiais. Películas finas com uma espessura de cerca de alguns nm a cerca de 100 nm são obtidas utilizando o processo de deposição. Os métodos químicos utilizados no processo de deposição de NEMS são a deposição química em vapor e a epitaxia.

A configuração experimental da deposição química de vapor é dada na figura 3.3. A uma pressão controlada, o gás precursor é inserido numa câmara de um tubo de quartzo com bolachas de substrato colocadas no seu interior. A deposição é feita na bolacha de substrato, e o excesso de moléculas de gás é bombeado para fora.

Epitaxia é o crescimento natural ou artificial de cristais sobre uma superfície cristalina que determina a sua orientação. Uma epitaxia típica de vapor líquido é dada na figura 3.4.

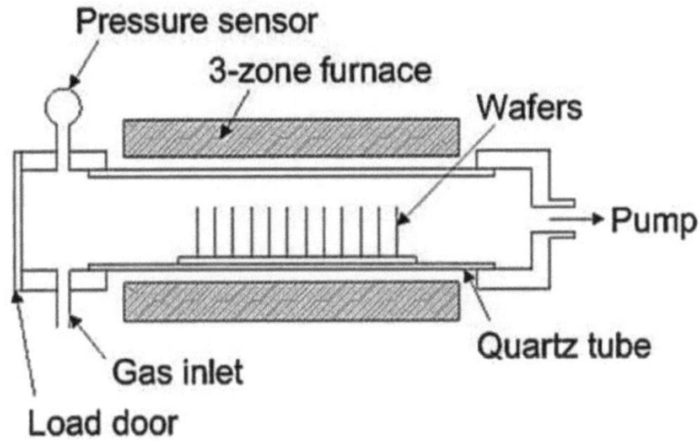

Figura 3.3: Esquemas de uma CVD

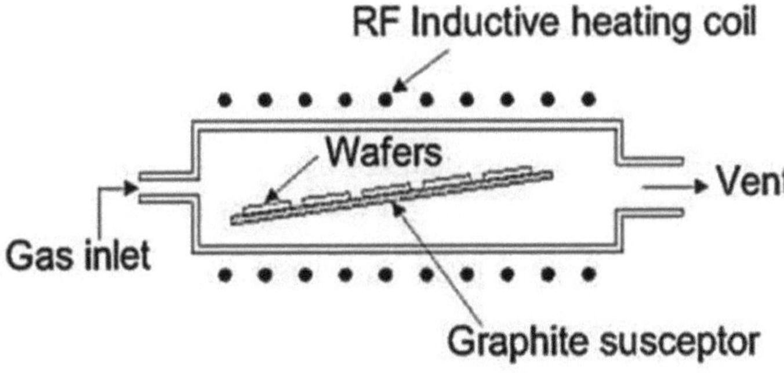

Figura 3.4: Esquemas de uma Epitaxia de Vapores Líquidos

O aparelho de crescimento epitaxial da fase líquida (LPE) permite simplesmente que uma solução de crescimento da composição desejada seja colocada em contacto com o substrato durante um certo tempo em condições de temperatura controlada. Nesta técnica, a super-saturação necessária para a deposição é conseguida através da redução da temperatura.

3.3.2 Litografia

A litografia no contexto NEMS é tipicamente a transferência de um padrão para um material fotossensível por exposição selectiva a uma fonte de radiação, como a luz. Um material fotossensível é um material que sofre uma mudança nas suas propriedades físicas quando exposto a uma fonte de

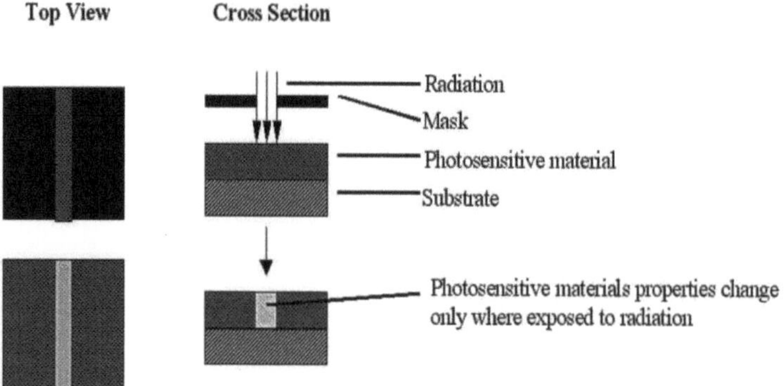

radiação.

Figura 3.5: Transferência de um padrão para um material fotossensível

Alinhamento: A fim de fazer dispositivos úteis, os padrões para diferentes passos litográficos que pertencem a uma única estrutura devem ser alinhados uns com os outros. O primeiro padrão inclui um conjunto de marcas de alinhamento. As primeiras marcas de alinhamento de padrões utilizados como referência no posicionamento de padrões subsequentes.

Exposição: Este parâmetro é necessário para conseguir uma transferência precisa do padrão da Máscara para a camada fotossensível. As diferentes resistências fotográficas exibem uma sensibilidade diferente aos diferentes comprimentos de onda.

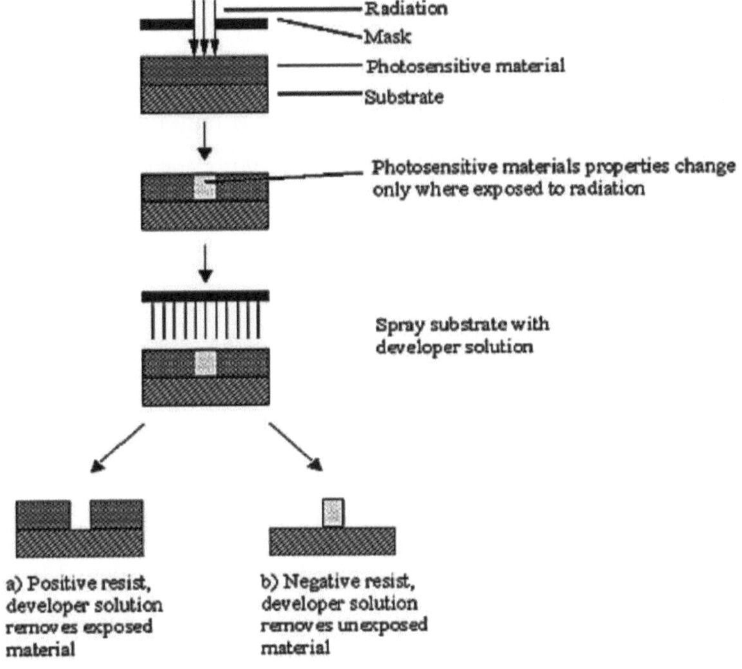

Figura 3.6: a) Definição do padrão numa resistência positiva, b) Definição do padrão numa
resistência negativa.

3.3.3 Etching

É necessário gravar as películas finas previamente depositadas ou o próprio substrato. A gravura é tradicionalmente o processo de utilizar ácido forte ou mordente para cortar as partes desprotegidas de uma superfície metálica para criar um desenho em intaglio (incisado) no metal. Existem duas classes de processo de gravura: Gravura húmida onde o material é dissolvido quando imerso numa solução química, e Gravura seca onde o material é salpicado ou dissolvido usando iões reactivos ou uma fase de vapor gravura.

Gravura húmida

Esta é a tecnologia de gravura mais simples. Há complicações, uma vez que geralmente se deseja gravar o material de forma selectiva. Requer um recipiente com uma solução líquida que dissolve o material utilizado. Algum material monocristalino, como o silício, exibe gravura anisotrópica em certos produtos químicos.

Gravura a seco

A tecnologia de gravura a seco pode dividir-se em três classes separadas denominadas gravura iónica reactiva (RIE), gravura de salpicos, e gravura de fase de vapor.

No RIE, o substrato é colocado dentro de um reactor no qual vários gases são introduzidos. Um plasma é atingido na mistura gasosa utilizando uma fonte de energia RF, quebrando as moléculas de gás em iões. Os iões são acelerados para, e reagem à superfície do material gravado, formando outro material gasoso. Isto é conhecido como a parte química da gravação reactiva de iões. Existe também uma parte física de natureza semelhante ao processo de deposição por pulverização catódica. Se os iões tiverem energia suficiente, podem eliminar átomos do material para serem gravados sem reacção química. É uma tarefa muito complexa desenvolver processos de gravura seca que equilibrem a gravura química e física, uma vez que existem muitos parâmetros a ajustar.

A gravura de Sputter é essencialmente RIE sem iões reactivos. Os sistemas utilizados são, em princípio, muito semelhantes aos sistemas de deposição por pulverização catódica. A grande diferença é que o substrato está agora sujeito ao bombardeamento iónico em vez do alvo material utilizado na deposição por pulverização catódica.

A gravura em fase vapor é outro método de gravura a seco, que pode ser feito com equipamento mais simples do que o que a RIE requer. Neste processo, a bolacha a ser gravada é colocada dentro de uma câmara, na qual um ou mais gases são introduzidos. O material a ser gravado é dissolvido à superfície numa reacção química com as moléculas de gás.

3.4 LITOGRAFIA DE NANOIMPRESSÃO

A litografia de nanoimpressão (NIL) é uma técnica de padrões de alto volume, de baixo custo, com resolução espacial até 5 nm. No NIL necessário, um padrão é definido através da deformação física de uma resistência de polímero. Utiliza-se normalmente um molde sólido como molde de impressão, que é preparado por litografia de feixe de electrões (EBL) e gravura iónica reactiva (RIE).

O molde é pressionado sobre um substrato revestido de polímero, deforma o polímero a uma temperatura elevada, e é removido do substrato depois de arrefecido. A aderência entre a resistência e o molde é controlada para permitir uma libertação adequada.

O padrão impresso no polímero pode então ser transferido para o substrato através de uma variedade de técnicas. O NIL já foi utilizado para fabricar dispositivos electrónicos, fotónicos e microfluídicos.

3.4.1 Fluxo do processo de litografia de nanoimpressão

1. Primeiro, um carimbo com as características desejadas é fabricado, por exemplo, por óptica ou EBL seguido de gravura seca ou gravura reactiva de iões.

2. O material a ser impresso, tipicamente um polímero termoplástico, é fiado num substrato onde as nanoestruturas devem ser fabricadas.

3. O carimbo é pressionado na camada de polímero com a temperatura elevada acima do ponto de transição vítrea durante um período de tempo especificado para permitir que o plástico se deforme. O carimbo

é separado do polímero após arrefecimento.

4. O polímero padrão deixado no substrato é utilizado para processamento posterior, como secagem ou descolagem ou para utilização directa como componente de dispositivo.

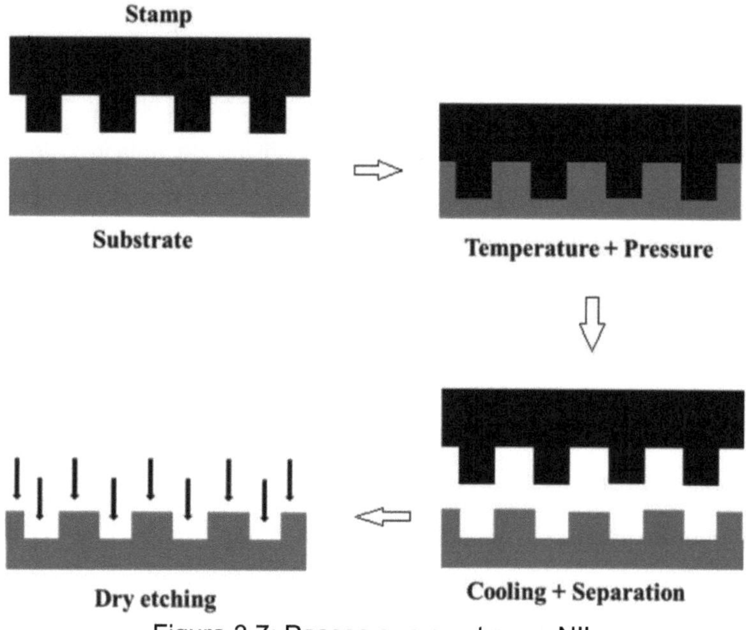

Figura 3.7: Passos que mostram o NIL

Embora o processo seja tecnicamente simples, há várias questões críticas que requerem particular atenção para tornar o processo competitivo como uma tecnologia de nanofabricação, tal como se descreve a seguir:

O primeiro desafio para a litografia da nanoimpressão é a capacidade multinível ou a capacidade de alinhamento exacto dos multiníveis. O tamanho do carimbo deve ser controlado, uma vez que o tamanho do carimbo grande pode introduzir potenciais inconvenientes, tal paralelismo do substrato e gradientes de carimbo e térmico na impressão.

3.4.2 Vantagens da Litografia de Nanoimprint

1. O NIL oferece várias vantagens técnicas no que diz respeito à resolução,

precisão de sobreposição, e desenho de ferramentas. Para além de criar características de alta resolução na gama de nanómetros, o NIL também pode ser utilizado para replicar características muito mais significativas.

2. Actualmente, o NIL é utilizado em aplicações ópticas para a produção de elementos ópticos com tamanhos de características na gama de sub-milímetros.

3. O NIL é um candidato competitivo à Litografia de Próxima Geração (NGL) devido às suas vantagens em termos de resolução e relação custo-eficácia.

3.5 MODELOS POLIMÉRICOS DE NANOFIBRAS

A deposição de electrospinning é a formação de fibras assistidas por um fio eléctrico a partir de uma solução polimérica. Usando este processo, é possível produzir fibras poliméricas com diâmetros na gama de centenas de nanómetros, que não podem ser fabricadas por tecnologias convencionais de extrusão.

Por exemplo, os dispositivos NEMS de nitreto de silício podem ser fabricados por projecção eléctrica de nanofibras PMMA em estruturas de suporte definidas litograficamente e utilizando estas nanofibras como máscaras de gravura. A técnica elimina a necessidade da etapa de litografia de alta resolução.

A electrospinning é um método de produção de fibras que utiliza força eléctrica para extrair fios carregados de soluções poliméricas, ou o polímero funde até diâmetros de fibra da ordem de cerca de dez nanómetros. A electrospinning partilha características tanto da electrospinning como da solução convencional de fiação a seco de fibras.

O processo não requer o uso de química de coagulação ou altas temperaturas para produzir fios sólidos a partir da solução. Isto torna o processo particularmente adequado para a produção de fibras utilizando fios grandes e complexos

moléculas. A electrospinning a partir de precursores fundidos também é praticada; este método assegura que nenhum solvente pode ser transportado para o produto final.

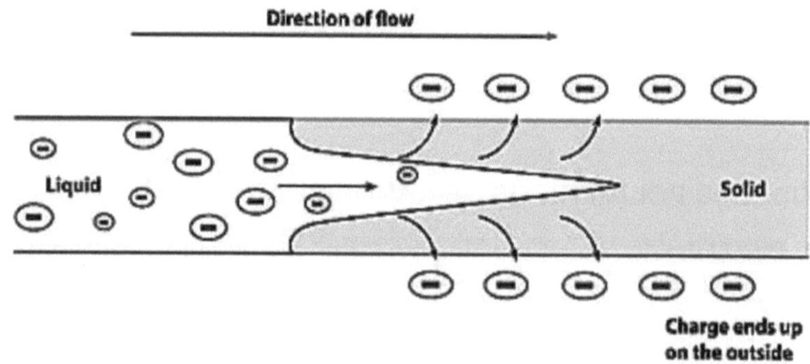

Figura 3.8: Transferência de Carga

À medida que o jacto seca em voo, o modo de fluxo de corrente muda de ohmico para convectivo à medida que a carga migra para a superfície da fibra. O jacto é então alongado por um processo de chicoteamento causado

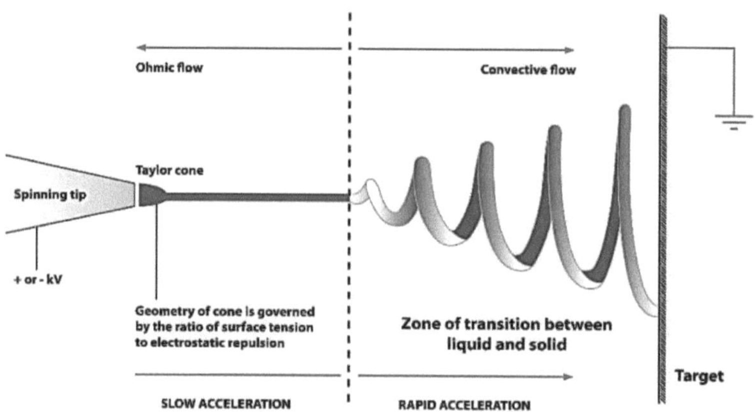

por repulsão electrostática iniciada em pequenas curvas na fibra até ser finalmente depositado no colector ligado à terra.

Figura 3.9: Fluxo do processo

O alongamento e desbaste da fibra resultante desta instabilidade de flexão conduzem à formação de fibras uniformes com diâmetros à escala nanométrica.

3.6 DOPAGEM POR FEIXE DE IÕES FOCALIZADOS E GRAVURA QUÍMICA HÚMIDA

A tecnologia de feixe de iões focalizados (FIB) é inerentemente um método litográfico sem máscara para fresagem e cura directa da resistência com a resolução de 40-50 nm. Entretanto, o FIB é também uma abordagem para a implantação local de iões. A implantação iónica é um método de modificação da superfície que altera a reactividade química dos materiais. Um exemplo bem conhecido é que uma implantação de alta concentração de dopantes do tipo p em silicone, como o boro, reduz drasticamente a taxa de gravura de gravuras alcalinas de silicone dopado. Devido à alta resolução e capacidade de modificação da superfície, a aplicação de FIB foi alargada à escrita directa de máscara dura sem o processo de resistência. Os processos livres de resistência para a fabricação de máscaras de silício gravimétrico enquadram-se em duas categorias, o doping directo de silício para a paragem do gravimétrico e a aplicação de uma camada de máscara dura depositada sobre silício. A aplicação directa de FIB em silício como máscara de gravura é uma questão bem estudada para a fabricação e prototipagem de nanoestruturas tridimensionais (3D). O silício tratado com FIB de gálio mostra selectividade contra a região não tratada tanto no plasma como na gravura química húmida.

A FIB é intrinsecamente destrutiva para o espécime. Por exemplo, quando os iões de gálio de alta energia atingem a amostra, eles irão cuspir átomos da superfície.

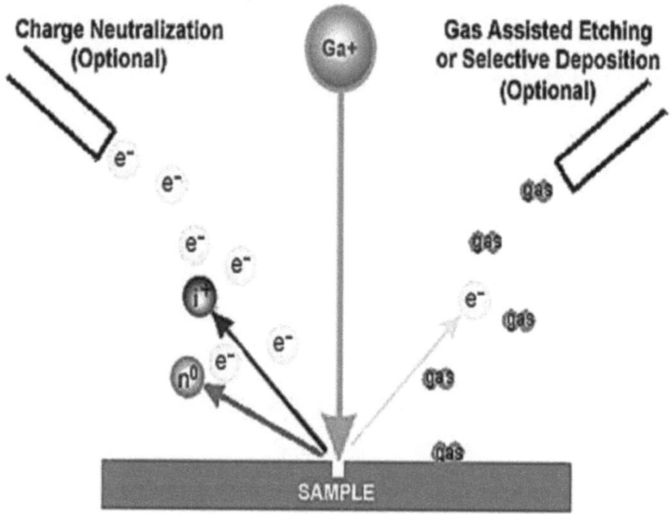

Figura 3.10: FIB com iões de Gálio

Os átomos de gálio também serão implantados nos poucos nanómetros superiores da superfície, e a superfície será tornada amorfa. Devido à capacidade de pulverização, o FIB é utilizado como uma ferramenta de micro e nano-maquinagem, para modificar ou maquinar materiais à escala micro e nano.

A micromáquinação FIB tornou-se um vasto campo próprio, mas a nano-máquinação com FIB é um campo que ainda está em desenvolvimento. Normalmente, o tamanho de feixe mais pequeno para a imagiologia é de 2,5-6 nm. As características fresadas mais pequenas são um pouco mais significativas (10-15 nm), uma vez que isto depende do tamanho total do feixe e das interacções com a amostra a ser fresada.

Processo de trabalho com feixes de íons focalizados

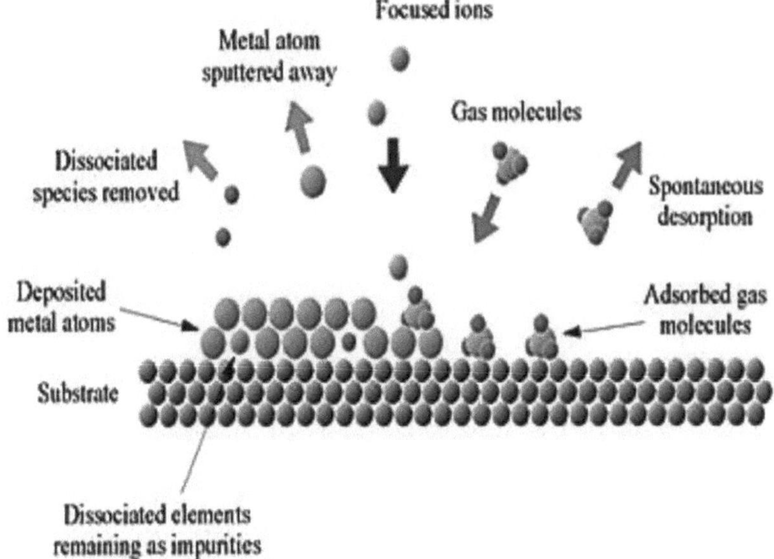

Figura 3.11: Processo de trabalho focalizado com feixes de iões.

Durante a FIB é levado a cabo o seguinte processo:
- Adsorção das moléculas precursoras sobre o substrato.

- A dissociação induzida pelo feixe de iões das moléculas de gás.

- Deposição dos átomos materiais e remoção dos ligandos orgânicos.

3.6 LITOGRAFIA DE ESTÊNCIL E GRAVURA SACRIFICIAL

A litografia com estêncil é um método inovador de fabricar padrões à escala nanométrica usando nano stencils, stencils (máscara de sombra) com aberturas de tamanho nanométrico. É um processo de nanolitografia sem resistência, simples e paralelo, e não envolve qualquer tratamento térmico ou químico dos substratos (ao contrário das técnicas baseadas em resistência).

Utilizaram fios metálicos estirados de longa duração como máscaras de sombra durante a deposição de metais. Vários materiais podem ser utilizados como membranas, tais como metais, Si, $Si_x Ny$, e polímeros. Hoje em dia, as aberturas de estêncil podem ser reduzidas ao tamanho de um submicrómetro em escala de wafer de 4". A isto chama-se um Nano stencil.

Processos

Vários processos estão disponíveis utilizando a litografia a estêncil: deposição de material e gravura, bem como a implantação de iões.

São necessários diferentes requisitos de estêncil para os vários processos, por exemplo, uma camada extra resistente à gravura na parte de trás do estêncil para gravação (se o material da membrana for sensível ao processo de gravura) ou uma camada condutora na parte de trás do estêncil para implantação iónica.

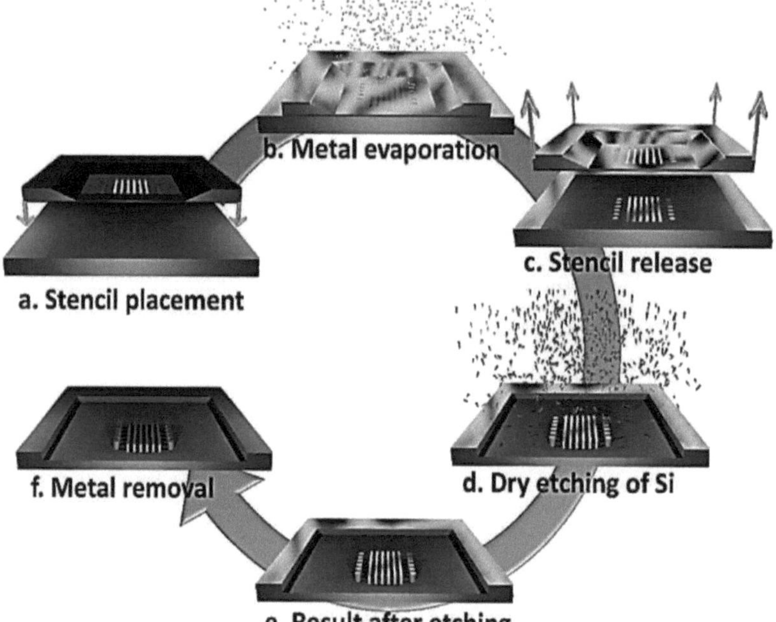

Figura 3.12: Fluxo do processo de litografia de estêncil

Deposição

O principal método de deposição utilizado com a litografia de estêncil é a deposição física de vapor. Isto inclui a deposição térmica e de feixes de electrões em vapor físico, epitaxia de feixe molecular, pulverização catódica, e deposição por laser pulsado. Quanto mais direccional for o fluxo de material, mais preciso é o padrão transferido da lápis de estêncil para o substrato.

Etching

A gravura iónica reactiva é baseada em partículas ionizadas e aceleradas que gravam tanto química como fisicamente o substrato. O estêncil, neste caso, é utilizado como uma máscara dura, protegendo as regiões cobertas do substrato, ao mesmo tempo que permite que o substrato sob as aberturas do estêncil seja gravado.

Implantação de iões

Aqui a espessura da membrana tem de ser menor do que o comprimento de penetração dos iões no material da membrana. Os iões serão então implantados apenas sob as aberturas do estêncil, no substrato.

Desafios

Durante a deposição através do estêncil, o material é depositado não só no substrato através das aberturas mas também na parte de trás do estêncil, incluindo à volta e dentro das aberturas. Isto reduz o tamanho efectivo da abertura por uma quantidade proporcional ao material depositado, levando, em última análise, ao entupimento da abertura.

A difusão do material no substrato e a configuração geométrica da evaporação são os principais factores. Ambos conduzem a um alargamento do padrão inicial, chamado embaçamento.

3.7 INTEGRAÇÃO EM LARGA ESCALA DE NEMS

A invenção de dispositivos de estado sólido como o transístor e os díodos trouxe uma nova era na indústria electrónica. O tamanho do componente electrónico foi drasticamente reduzido e a fiabilidade aumentou por ordem de magnitude. O passo seguinte significativo foi o desenvolvimento da tecnologia de silício planar que reduziu o tamanho do dispositivo a alguns quilómetros quadrados. Isto formou o início dos circuitos integrados.

Foram feitos esforços para produzir chips de silício tão grandes quanto possível e para cultivar dispositivos sobre os mesmos de modo a que a área (imóvel) utilizada por cada dispositivo fosse a mais pequena possível. medida que a capacidade de fabricar circuitos de forma fiável aumentava, vários graus de integração marcaram as gerações: Integração em pequena escala (SSI), Integração em média escala (MSI) e Integração em grande escala (LSI). O grau de integração dependia da densidade dos dispositivos interligados e da área do chip.

SSI, MSI e LSI podem ser discriminados pelo número de portas lógicas implementadas em cada chip. Um único portão lógico equivalente é tomado como o bloco de construção fundamental. Nesta base, um circuito SSI é aquele que tem 1 ~ 12 portas lógicas equivalentes, um circuito MSI é aquele que tem 12 ~ 100 portas lógicas, e um circuito LSI é aquele que tem mais de 100 portas lógicas. Por exemplo, os módulos de memória bipolar de acesso aleatório actualmente produzidos têm aproximadamente 500 portões equivalentes e espera-se que outros módulos avançados tenham quatro vezes o número. Com o sucesso do LSI, haverá Integração em Escala Extra Grande (ELSI), Integração em Escala Ultra-grande (ULSI), etc.

O espaço dos dispositivos e processos LSI

O processo consiste em várias etapas significativas como a preparação das bolachas de silício, crescimento epitaxial, crescimento do óxido, difusão da impureza e gravura do óxido.

Um chip é um pequeno pedaço de material semicondutor, quebrado a partir de uma bolacha semicondutora monolítica, na qual um ou mais componentes electrónicos são formados. A maioria do trabalho do NEMS foi feito em dispositivos únicos. Um único sensor NEMS ou um único processador de sinal NEMS, embora excepcionalmente capaz e sensível, provavelmente não será de uso significativo numa aplicação do mundo macroscópico.

A razão, evidentemente, é que a eficiência obtida com a utilização de um único dispositivo NEMS é mínima. Este impedimento pode ser ultrapassado fabricando e operando muitos dispositivos NEMS em paralelo.

3.8 DESAFIOS FUTUROS DE NEMS

Os principais obstáculos que actualmente impedem a aplicação comercial de muitos dispositivos NEMS incluem rendimentos baixos e elevada variabilidade da qualidade dos dispositivos. Antes que os dispositivos NEMS possam ser implementados, devem ser criadas integrações razoáveis de produtos à base de carbono. Um passo recente nessa direcção foi demonstrado para o diamante, alcançando um nível de processamento comparável ao do silício.

O foco está actualmente a deslocar-se do trabalho experimental para aplicações práticas e estruturas de dispositivos que implementarão e lucrarão com tais dispositivos inovadores. O próximo desafio a superar envolve a compreensão de todas as propriedades destas ferramentas baseadas no carbono e a utilização das propriedades para tornar o NEMS eficiente e durável com baixas taxas de falhas.

REFERÊNCIAS

> http://www.its.caltech.edu/~nano/publicações/papers/Ekinci-RSI2005.pdf
> http://www.powershow.com/view/3be801 -OTI4M/NANO-ELECTRO-SISTEMA_MECÂNICO_MECÂNICO_P
> https://www.powershow.com/viewht/4b755a-Yjg3M/Lithography_powerpoint_ppt_presente
> https://en.wikipedia.org/wiki/Etching
> http://greiner227.blogspot.com/
> http://www-me.engr.ccny.cuny.edu/bridge/material/joined%20files.pdf
> https://www.mems-exchange.org/MEMS/processes/etch.html

> https://www.coursehero.com/file/p97ih4k/recessed-regions-of-an-elastomérico-moldado
> https://en.wikipedia.org/wiki/Electrospinning
> http://www.electrospinz.co.nz/ESManual.pdf
> https://en.wikipedia.org/wiki/Focused_ion_beam
> https://en.wikipedia.org/wiki/Stencil_lithography
> https://azdoc.site/large-scale-integration-a-designers-viewpoint.html
> https://en.wikipedia.org/wiki/Nanoelectromechanical_system

NANOPARTÍCULAS PARA SENSORES E CIRCUITOS, DISPOSITIVOS DE SENSORES NANO-BIOLÓGICOS

4.1 TRANSPORTE DE ELECTRÕES FOTOINDUZIDOS EM ADN

4.1.1 ADN para transporte de electrões

A composição química do ADN é dada abaixo:

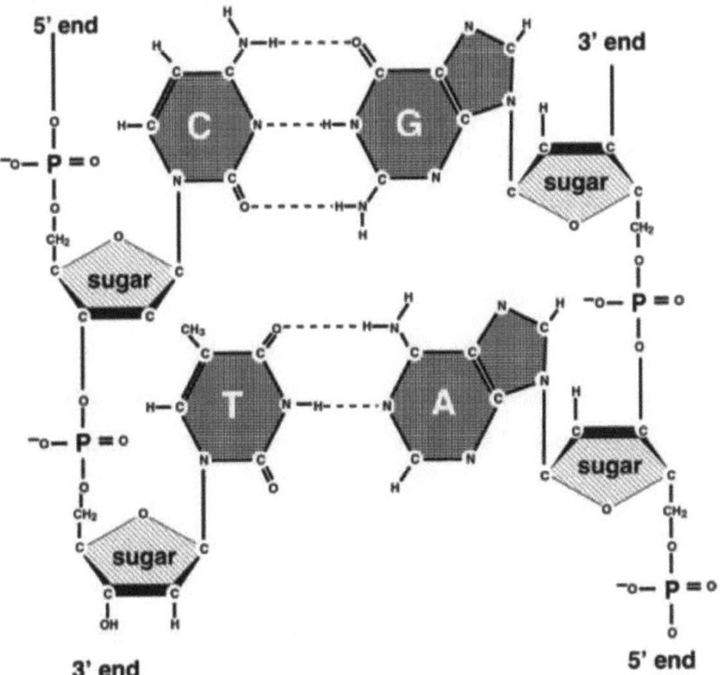

Figura 4.1: A composição química do ADN com as quatro bases Adenina, Tiamina, Citosina, Guanina e a espinha dorsal. A espinha dorsal é feita de açúcares fosforados.

A questão de o ADN conduzir ou não cargas eléctricas é intrigante tanto para os físicos como para os biólogos. A sugestão de que a transferência/transporte de electrões no ADN pode ser biologicamente importante desencadeou uma série de investigações experimentais e teóricas. Os processos que possivelmente utilizam a transferência de electrões incluem a função das enzimas de resposta a danos no ADN, factores de transcrição, ou co-factores de polimerase, todos os quais desempenham papéis essenciais na célula.

O progresso contínuo das nanotecnologias e a consequente necessidade de uma maior miniaturização torna a molécula de ADN um excelente candidato para a electrónica molecular. O ADN pode servir como fio, transístor, interruptor ou rectificador, dependendo das suas propriedades electrónicas.

4.1.2 Experiências com ADN para transporte de electrões

No seu ambiente natural, o ADN está sempre numa solução líquida, e por isso, experimentalmente, pode-se estudar a molécula quer em solução quer em ambientes secos impostos artificialmente.

Em experiências de solução, o ADN é quimicamente processado para acolher um dador, e uma molécula aceitante em diferentes locais ao longo do seu longo eixo e as taxas de transferência de carga fotoinduzida podem então ser medidas.

Nos últimos anos também foram realizadas medições de condutividade directa no ADN seco. A notável diversidade que caracteriza os resultados parece surgir do facto de muitos factores necessitarem de ser controlados experimentalmente. Estes incluem métodos de alinhamento e secagem do ADN, a natureza dos dispositivos utilizados para medir a condutividade, o tipo de contactos metálicos, e a sequência e comprimento do ADN.

Notavelmente, o ADN foi considerado como sendo um fio molecular, semicondutor ou isolante. Estes são os resultados controversos tanto do trabalho experimental como teórico. Grupos de investigação de diferentes subdisciplinas de química, tais como química orgânica, química inorgânica, química física e bioquímica, bem como biólogos, físicos e cientistas de materiais, contribuíram significativamente para este tópico de investigação. Com base nestas experiências e resultados, foi possível obter uma imagem clara dos fenómenos de transporte de cargas no ADN. É agora claro que os processos de transporte de carga mediados pelo ADN ocorrem em escalas de tempo rápidas e ultra-rápidas e produzem reacções químicas a longas distâncias.

O tipo oxidativo de processos de transporte de carga mediados por ADN tem uma relevância significativa na formação de danos oxidativos no ADN. Por outro lado, o excesso de processos de transporte de electrões desempenha um papel crescente no desenvolvimento de chips de ADN electroquímicos, por exemplo, para a detecção de mutações de base única. O conhecimento sobre o excesso de transporte de electrões no ADN tem o potencial a ser considerado para o desenvolvimento de aplicações nanotecnológicas, tais como novos dispositivos electrónicos baseados no ADN.

4.2 DISPOSITIVOS ELECTRÓNICOS BASEADOS EM ADN

O ADN (ácido desoxirribonucleico), um dos mais famosos biopolímeros, é uma molécula tridimensional única com a sequência de quatro pares de bases e transporta a informação genética de todos os organismos vivos. O ADN existe em três conformações diferentes, incluindo as formas A, B, e Z. A estrutura de ADN mais comummente conhecida é o ADN de forma B.

4.2.1 Solubilidade do ADN

O ADN é polielectrólito carregado negativamente, e é sempre compensado pelos catiões inorgânicos carregados positivamente, por exemplo, os iões sódio. Uma vez que o ADN purificado normalmente só pode ser solúvel em água, o que tem sido restringido em muitos campos para as suas futuras aplicações, têm sido feitos muitos esforços para melhorar a sua solubilidade em solventes orgânicos.

4.2.2 Surfactantes para Melhorar a Solubilidade do ADN em Solventes Orgânicos

Os tensioactivos catiónicos como o cloreto de cetiltrimetilamónio (CTMA) são os mais utilizados na preparação de complexos à base de ADN que são solúveis em solventes orgânicos. Muitos outros vários tensioactivos catiónicos, incluindo o cloreto de octadeciltrimetilamónio (OTMA) e a lauroilcolina (Lau), ganharam considerável atenção pela sua facilidade de processos de fabrico, tais como revestimento por centrifugação, fundição por imersão, ou mesmo técnicas de impressão. Entre estes tensioactivos catiónicos, o CTMA é um dos mais famosos materiais relatados.

O filme do complexo DNA-CTMA foi utilizado em guias de ondas, lasers, e como material óptico não linear para uma segunda geração harmónica.

4.2.3 ADN como Camadas Funcionais para Transistores Orgânicos de Filme Fino

A estrutura básica da OTFT é composta por três camadas funcionais: uma camada isolante (eléctrica de porta), uma camada orgânica semicondutora (tipo p, tipo n ou ambipolar), e três eléctrodos condutores (fonte, drenagem, e eléctrodos de porta).

O transporte de carga OTFT é ligado quando o campo da porta aumenta de modo a que os transportadores se acumulem na interface entre o semicondutor e os isoladores. Assim, o desempenho das OTFT depende criticamente do desempenho físico e químico dos dieléctricos. Quando a camada dieléctrica tem polaridade sintonizável, os portadores podem ser esgotados ou acumulados mais na interface, permitindo um efeito de memória e, assim, o dispositivo de memória OTFT.

Recentemente, foram também aplicados pares básicos de ADN como isoladores de portas em OTFT, tal como apresentado abaixo. As unidades repetidas de ADN são nucleótidos, e cada nucleótido é composto por nucleobases, incluindo citosina (referida por C), e timina (T), adenina (A), e guanina (G). Entre estes pares de bases, a adenina (A) e a guanina (G) têm constantes dieléctricas elevadas, baixas perdas dieléctricas, e resistências de ruptura, que são promissoras por serem o dieléctrico dos OTFT.

4.2.4 Outras aplicações electrónicas de ADN

Para além da aplicação em OTFT básicos, os polímeros bio-orgânicos derivados do ADN têm sido amplamente aplicados na preparação de dispositivos de memória de leitura de gravação de fotos induzidas, dispositivos de memória memorial e dispositivos de memória OTFT.

Entre os vários polímeros, o ADN e as bases do ácido nucleico foram explorados como camadas de bloqueio de furos (HBL) ou camadas de bloqueio efectivo de electrões (EBL) em díodos emissores de luz Bio-Organic (BioLEDs), que melhoraram efectivamente a emissão de luz azul e verde.

4.3 TRANSFERÊNCIA DE CARGA FOTO-INDUZIDA

Em experiências de solução, o ADN é quimicamente processado para acolher um doador e uma molécula aceitante em diferentes locais ao longo do seu longo eixo. As taxas de transferência de carga foto-induzidas podem então ser medidas enquanto as moléculas do doador/aceitador, a distância e a sequência de ADN que se encontra entre elas, são variadas. As reacções são observadas em função do tipo de ADN utilizado, da intercalação (Intercalação é a inclusão ou inserção reversível de uma molécula (ou ião) em materiais com estruturas em camadas), da integridade da pilha de pares de base interveniente, e, embora fraca, da distância molecular.

Para estudar a química de transporte de carga no ADN de forma fotoinduzida, é crucial modificar os oligonucleótidos (um polinucleótido cujas moléculas contêm um número relativamente pequeno de nucleótidos) com cromóforos adequados (um átomo ou grupo cuja presença é responsável pela cor de um composto), e prepara-se um n-sistema funcional estruturalmente bem definido baseado no ADN. Utilizando tais sistemas bem definidos de dadores e receptores de ADN, a medição sistemática da dependência da distância e da dependência da sequência de base dos processos de transporte da carga tornou-se acessível.

4.3.1 Furo Oxidativo Fotoinduzido Vs Transporte de Electrões Redutores no ADN

Os processos de transporte de carga mediados por ADN podem ser categorizados como processos de transporte de furos oxidantes ou processos de transporte de electrões redutores. A descrição do transporte de furos é enganadora porque inclui principalmente também o transporte de electrões, mas na direcção oposta. Assim, ambos os processos são reacções de migração dos electrões, mas com diferentes controlos orbitais.

O transporte do buraco oxidativo é o orbital molecular mais ocupado (HOMO)-controlado, enquanto o transporte de excesso de electrões é o orbital molecular desocupado (LUMO)-controlado mais baixo. Isto torna claro que esta categorização não é apenas formalismo sobre a diferença na direcção do electrão.

4.4 MANIPULAÇÃO ELÉCTRICA DO ADN EM SUPERFÍCIES METÁLICAS

As camadas biomoleculares funcionais nas superfícies têm vindo a ganhar importância vital em resultado da sua ampla relevância nas ciências de superfície e físicas, biologia molecular, e nanobiotecnologia. Encontram diversas aplicações no campo dos biossensores, diagnósticos biomédicos, dispositivos funcionalizados Lab-on-Chip, e catálise de reacções em superfícies.

4.4.1 Interacção DNA-Metal de Superfície

As moléculas de ADN podem ligar-se não especificamente a superfícies metálicas através de uma série de mecanismos, por exemplo, através da espinha dorsal da molécula ou das bases, através da electrostática (cargas de imagem), ou através da interacção de van der Waals. Tais descobertas são apoiadas por estudos sobre a formação de camadas orgânicas ordenadas em superfícies sólidas, compostas de pirimidinas (por exemplo, citosina, timina e uracil) e purinas (por exemplo, adenina e guanina). Em contraste com a ligação covalente, a interacção não específica das bases de ADN com superfícies é, em geral, fraca. Assume-se que as monocamadas são estabilizadas pela formação de ligações intermoleculares, p. ex., redes de ligações de hidrogénio. No caso da timina, verificou-se que a sua interacção ou comportamento de adsorção em eléctrodos de ouro pode depender do potencial aplicado.

4.4.2 Estratégias de imobilização

Um factor chave que determina as propriedades das camadas funcionais de ADN é o método escolhido de imobilização na superfície metálica de suporte. A anexação de moléculas por adsorção física apenas restringe geralmente a sua funcionalidade e acessibilidade. Várias estratégias para fixar moléculas de ADN por adsorção covalente específica, utilizando uma reacção entre a superfície metálica e um grupo de ancoragem das moléculas, foram desenvolvidas nos últimos anos.

Um método amplamente utilizado emprega um grupo de ligação molecular termo-titulado de tiol (SH) para se ligar a uma superfície metálica através de uma ligação enxofre-metal, bem desenvolvido no campo das monocamadas auto-montadas (SAMs). Em muitos casos, tais SAMs compreendendo um conjunto regular de moléculas formam-se espontaneamente numa superfície por adsorção de solução, promovida pelas forças de van der Waals e interacções hidrofóbicas.

4.4.3 Sondagem da Manipulação de Camadas de Oligonucleotídeos em Superfícies Metálicas

Parâmetros como cobertura de superfície molecular, estrutura de superfície (conformação/orientação), interacção estéril, e a estrutura de ligação DNA com metal afectam directamente quantidades essenciais como a eficiência da hibridação; por conseguinte, fornecem informação essencial sobre a funcionalidade da camada particular de DNA como uma sonda na detecção.

Entre as técnicas de caracterização mais importantes encontram-se os métodos electroquímicos que envolvem, por exemplo, a investigação da oxidação de bases de ADN sobre uma gama de diferentes metais, tais como o cobre.

Entre outros métodos de investigação da estrutura e cobertura da superfície, mencionamos aqui a radiomarcação, a reflexão de neutrões, a espectroscopia de raios X (XPS), e a espectroscopia de infravermelhos sem os discutir em pormenor, uma vez que isso está para além do âmbito deste capítulo. Em vez disso, descreveremos a seguir mais algumas técnicas que têm sido amplamente utilizadas para monitorizar a resposta da estrutura da camada à manipulação externa.

Várias técnicas têm sido amplamente utilizadas para examinar a estrutura molecular das camadas de ácido nucleico ligadas a superfícies metálicas. A microscopia de varrimento de túneis (STM), medições de microscopia de força atómica (AFM), ressonância plasmónica de superfície (SPR) são as mais frequentemente utilizadas.

4.5 NANOCONJUGADOS DE ADN DOURADO

As nanopartículas de ouro funcionalizadas com ADN são um sistema interessante com aplicações que vão desde sensores biológicos até à construção de materiais auto-montados. As experiências baseiam-se na ligação de moléculas de ADN de fio único através de ligações de tiol-gold à superfície de nanopartículas de Au e um processo subsequente de auto-montagem destes conjugados, fazendo uso de emparelhamento de base de moléculas de ADN complementares.

As nanopartículas polivalentes de ADN dourado são ouro coloidal cuja superfície é modificada com sequências de ADN sintético revestidas a tiol. Devido à forte interacção entre ouro e tióis (-SH), é possível obter uma única monocamada de ADN em torno da partícula de ouro. A repulsão de carga negativa da espinha dorsal de fosfato do ADN orienta os fios de ADN para fora em solução com uma pegada única que depende do tamanho da nanopartícula de ouro e da densidade da embalagem.

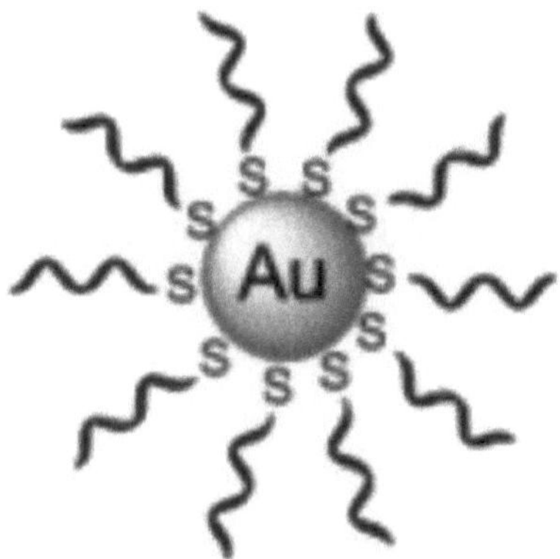

Figura 4.2: A estrutura molecular dos nanoconjugados de ADN dourado

Ao simplesmente posicionar muitos fios na proximidade, estas partículas possuem propriedades inovadoras em que os fios de ADN independentes não possuem. Devido aos efeitos cooperativos da polivalência de múltiplas fitas de ADN, o ADN de uma partícula tem uma temperatura de fusão mais forte e afiada quando ligado ao seu complemento, em comparação com o ADN livre em solução. Devido a este efeito e às propriedades ópticas únicas do ouro coloidal, foram desenvolvidas várias tecnologias de detecção de ADN.

Síntese

Os nanoconjugados de ADN dourado podem ser sintetizados a partir de uma variedade de métodos. Um dos métodos mais simples é apresentado abaixo:

- Reduzir o ADN em tióis, adicionando uma solução de ditiotreitol (DTT) e tampão fosfato (PB) (pH=8) durante 1 hora e purificar o ADN.

- O DNA funcionalizado purificado de tiol é então adicionado a nanopartículas de ouro.

- As soluções de sulfato de sódio (SDS), tampão fosfato e NaCl são utilizadas para controlar a concentração de ADN tiol-funcionalizado ligado às nanopartículas de ouro.

- Finalmente, os nanoconjugados de ADN dourado são centrifugados a partir da solução.

4.6 BIOSENSORES NÃO INVASIVOS NA ANÁLISE CLÍNICA

4.6.1 Monitorização clínica

A monitorização clínica é a supervisão e os esforços administrativos que controlam a saúde de um participante e a eficácia do tratamento durante um ensaio clínico. A monitorização clínica inclui a monitorização do pH dos fluidos corporais, das tensões de oxigénio e dióxido de carbono, da pressão parcial e de vários gases nas vias respiratórias dos fluidos corporais.

Sensores químicos, sensores electroquímicos e sensores bioanalíticos são utilizados para monitorização clínica. Os sensores electroanalíticos são utilizados para a determinação da pressão parcial de oxigénio nos fluidos e tecidos do corpo; tensão de oxigénio; determinação dos produtos químicos encontrados no corpo incluindo iões, gases dissolvidos e alguns materiais bioquímicos; saturação de oxigénio da hemoglobina no sangue arterial. Os sensores bioanalíticos são utilizados para detectar glicose, lactato, várias hormonas, etc.

In-Vivo e In-Vitro

In-vivo (latim para "dentro do vivo") refere-se à experimentação usando um organismo vivo inteiro, em oposição a um organismo parcial ou morto, ou um ambiente controlado in-vitro. Os testes em animais e os ensaios clínicos são duas formas de investigação in vivo. Os ensaios in-vivo são frequentemente utilizados sobre in-vitro porque são mais adequados para observar os efeitos globais de uma experiência sobre um sujeito vivo.

In-Vivo Biosensing

O biosensing in-vivo é utilizado para monitorização clínica. No entanto, ainda não é concebível a implantação total; A próxima melhor escolha é o biosensor parcialmente implantado; A colocação de um biosensor directamente na corrente sanguínea ainda não é viável; Risco para a saúde associado à introdução intravascular repetitiva da agulha; A superfície estranha do sensor provoca a formação de coágulos de sangue em segundos, minutos ou horas - trombose. [Nota: trombose é a coagulação ou coagulação local do sangue numa parte do sistema circulatório].

Problemas gerais na detecção In-Vivo

Há muitas limitações para a biosensagem in-vivo. Algumas das questões relacionadas com a biosensagem in-vivo são: especificidade, linearidade da resposta, tempo de resposta, desvio da linha de base, transporte da glucose e outros analitos, incluindo produtos através de uma membrana protectora, transporte das substâncias e reagente competitivo dentro do sensor, desenvolvimento e selecção da membrana, e compatibilidade com o ambiente corporal, envenenamento por eléctrodos, desactivação enzimática, escassez local de oxigénio, bloqueio da membrana.

Os biossensores não são objectos inertes implementados; a interface deve permanecer aberta com a difusão dos analitos do tecido para o sensor onde é detectado. É necessário um passo em frente significativo na biocompatibilidade.

4.6.2 Medicina Não-Invasiva e Monitorização Não-Invasiva

A medicina não invasiva é um procedimento médico estritamente definido como não invasivo quando não é criada nenhuma ruptura na pele, e não há contacto com a mucosa, ou ruptura da pele, ou cavidade interna do corpo para além de um orifício natural ou artificial do corpo.

Sem contacto directo entre o sangue e outros fluidos tecidulares e o sensor, Sem perda de sangue, Sem dor, e Permitir uma avaliação mais completa do estado de saúde de uma pessoa, (por exemplo, saúde mental, sistema imunitário). As amostras utilizadas para métodos não-invasivos são Pele, Saliva, Suor, Urina, etc.

4.6.3 Métodos Não-Invasivos

Muitos procedimentos não invasivos vão desde a simples observação até uma forma especializada de cirurgia, como a radiocirurgia. A litotripsia extracorporal por ondas de choque é um tratamento não invasivo de pedras no rim usando um pulso acústico. Durante séculos, os médicos empregaram muitos métodos simples não invasivos baseados em parâmetros físicos para avaliar a função corporal na saúde e na doença (exame físico e inspecção), tais como a pulsação, a auscultação de sons cardíacos e pulmonares (utilizando o estetoscópio), o exame da temperatura (utilizando termómetros), o exame respiratório, o exame vascular periférico, o exame oral, o exame abdominal, a medição da pressão arterial (utilizando o esfigmomanómetro), o exame ocular, e muitos outros. Muitos outros procedimentos de imagiologia, terapia e sinalização diagnóstica fazem parte dos modernos procedimentos de tratamento que são métodos não invasivos.

A utilização de biossensores não invasivos para a monitorização da saúde é uma abordagem relativamente nova. Por exemplo, os sensores de luz infravermelha (IR) são utilizados para detectar os níveis de glucose no sangue sem perfurar a pele. Estes dispositivos tipicamente emitem uma luz sobre a pele e depois medem a absorção de infravermelhos ou o comprimento de onda de transmissão específico da glicose. Outros métodos ópticos utilizam vários comprimentos de onda, locais de medição, e circuitos electrónicos.

4.6.4 Sensor de Glicose Sanguínea Não-Invasiva

As ondas electromagnéticas têm sido utilizadas para detectar a glucose do sangue através da pele de forma não invasiva através de espectroscopia de impedância de ondas de rádio. Através da variação das frequências de ondas de rádio, podem ser determinadas alterações na glicose no sangue. No entanto, a calibração pode ser problemática. Outros métodos ópticos utilizam vários comprimentos de onda, locais de medição, e circuitos electrónicos.

A iontoforese é uma técnica de introdução de compostos medicinais iónicos no corpo através da pele, através da aplicação de uma corrente eléctrica local. A iontoforese envolve a aplicação de uma pequena e definida corrente eléctrica sobre a pele. Este processo causa um aumento do transporte molecular através da pele e tem encontrado aplicação no fornecimento de medicamentos transdérmicos.

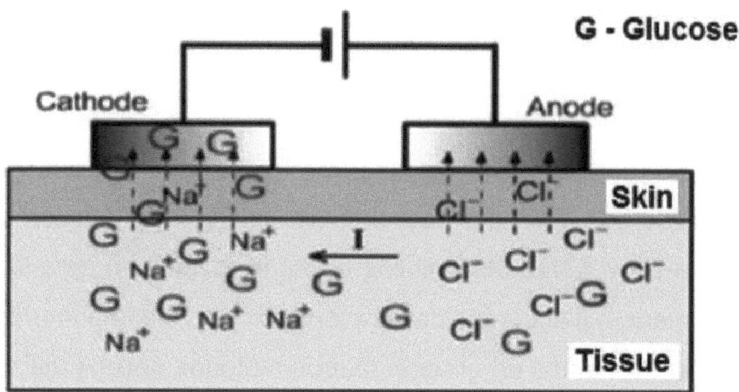

Figura 4.3: Representação da extracção de glucose por iontoforese inversa

4.7 APLICAÇÕES DE INSTRUMENTOS BASEADOS EM BIOSENSORES PARA A INDÚSTRIA DE BIOPROCESSOS

4.7.1 Bioprocessamento

O bioprocessamento é a utilização de materiais biológicos (organismos, células, organelas, enzimas) para levar a cabo um processo por razões comerciais, médicas ou científicas. O bioprocessamento é uma parte crítica do sector biocientífico e engloba uma vasta gama de técnicas utilizadas no desenvolvimento e fabrico de produtos biofarmacêuticos. O bioprocessamento é levado a cabo num biorreator.

Importância do Bioprocessamento

- São específicos na sua acção e, portanto, produzem um produto puro.
- São extremamente eficientes, por isso um pouco de enzima faz rapidamente muito produto.
- São biodegradáveis, e por isso causam menos poluição ambiental.

Vantagens do Bioprocessamento

O bioprocessamento oferece muitas vantagens sobre os métodos químicos. Algumas delas são apresentadas abaixo:

- Normalmente exigem: Temperatura mais baixa; Pressão; pH (a medida da acidez);
- Podem utilizar recursos renováveis como matéria-prima;
- Maiores quantidades podem ser produzidas com menor consumo de energia
- Escaláveis; os processos envolvidos no bioprocessamento são facilmente escaláveis e podem ser aplicados economicamente e ligados às práticas existentes;
- A capacidade de separar intermediários e produtos finais de fluxos de biomassa processada únicos e complexos é essencial para a viabilidade comercial do bioprocessamento.

4.7.2 Bioprocessamento a montante e a jusante

Existem dois tipos de bioprocessamento, eles são

- Bioprocessamento a montante
- Bioprocessamento a jusante

Bioprocessamento a montante: A parte a montante de um bioprocessamento refere-se ao primeiro passo em que as biomoléculas são cultivadas, geralmente por linhas de células bacterianas ou de mamíferos em bioreactores. Quando atingem a densidade desejada (para

culturas em lote e alimentadas), são colhidas

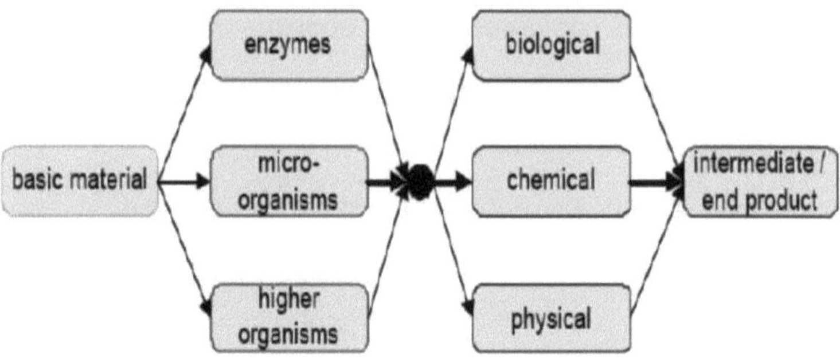

Figura 4.4: Representação do bioprocessamento

Bioprocessamento a jusante: A parte a jusante de um bioprocessamento refere-se à parte em que a massa celular a montante é processada para satisfazer os requisitos de pureza e qualidade. O processamento a jusante é normalmente dividido em três secções principais, uma secção de captura, uma secção de purificação e uma secção de polimento.

4.7.3 Bioreactor

Um biorreator pode referir-se a qualquer dispositivo ou sistema fabricado ou concebido que suporte um ambiente biologicamente activo. Num caso, um biorreator é um recipiente no qual é realizado um processo químico que envolve organismos ou substâncias bioquimicamente activas derivadas de tais organismos.

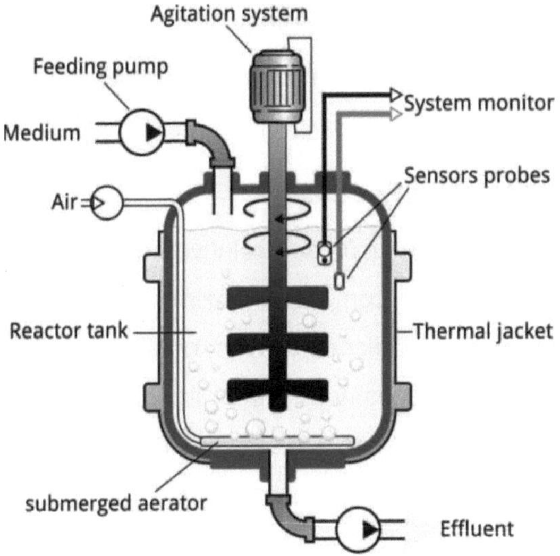

Figura 4.5: Um bioreactor típico

Os biorreactores são esterilizados uma vez que o microrganismo contaminaria gravemente o produto; as enzimas imobilizadas são mantidas em suspensão no meio nutriente; a temperatura, pH, e as concentrações do substrato e do produto são monitorizadas continuamente; O produto pode ser produzido por fluxo contínuo ou processamento em lote. O bioprocessamento envolve a utilização de Enzimas, Microorganismos, Células de organismos superiores (células vegetais, animais e humanas), etc.

4.7.3 Produtos de Bioprocessamento

Os produtos e serviços que dependem do bioprocessamento podem ser agrupados amplamente em

- Biopharmaceuticals: Proteínas terapêuticas, polissacáridos, vacinas, e diagnósticos.

- Produtos especializados e químicos industriais: Antibióticos, produtos alimentares e agrícolas de valor acrescentado, e combustíveis, produtos químicos e fibras provenientes de recursos renováveis.

- Ajudas à gestão ambiental Produtos e serviços de bioprocessamento utilizados para controlar ou remediar resíduos tóxicos.

4.7.4 Bioprocessamento e Enzimas

O bioprocessamento de enzimas é relativamente fácil e seguro, uma vez que qualquer contaminação com uma enzima ou micróbio conhecido é inofensivo. Funcionam em condições suaves, ou seja, a baixas temperaturas, pH neutro e pressão atmosférica normal e, por conseguinte, poupam energia. Alguns produtos (vinho, queijo) são virtualmente impossíveis de criar utilizando apenas químicos.

Utilização industrial de enzimas

- No curtimento de peles, as peles são amaciadas e o cabelo removido utilizando as proteases nas fezes.

- No fabrico de cerveja, as amilases na cevada em germinação são utilizadas para converter amido em maltose.

- No fabrico de queijo, as proteínas do leite são coaguladas, utilizando renina de estômagos de bezerros.

Utilização industrial de enzimas livres

- Protease em pós de lavagem biológica:

  o Ajuda a quebrar manchas de proteínas tais como sangue, alimentos e erva

  o A temperaturas de lavagem mais baixas - poupando assim energia e são mais suaves no vestuário

  o As enzimas são encapsuladas em cera e só são libertadas durante a lavagem

- Na maioria dos bioprocessos, as enzimas são utilizadas para catalisar as reacções bioquímicas de microrganismos inteiros ou dos seus componentes celulares.

- O catalisador biológico faz com que as reacções ocorram, mas ele próprio não é alterado.

- Alguns alimentos dependem de subprodutos microbianos para criar/valorizar o sabor, e por isso acrescentam valor.

- Os sistemas biológicos ajudam na substituição de ingredientes, substituição da ajuda ao processamento, aumento da capacidade das plantas, aumento do rendimento dos produtos, e produtos melhorados ou únicos.

4.8 BIOSENSORES PARA APLICAÇÕES AMBIENTAIS

4.8.1 Poluentes

O número crescente de poluentes potencialmente nocivos no ambiente exige técnicas analíticas rápidas e rentáveis a serem utilizadas em programas de monitorização extensivos. Os biossensores podem ser utilizados como instrumentos de monitorização da qualidade ambiental na avaliação da qualidade biológica/ecológica ou para a monitorização química tanto de poluentes inorgânicos como de poluentes orgânicos prioritários. Foram desenvolvidos vários biossensores para a monitorização ambiental, considerando os poluentes como metais pesados, poluentes orgânicos, compostos azotados, bifenilos policlorados, compostos fenólicos, etc.

4.8.2 Metais Pesados

Os metais pesados são actualmente a causa de alguns dos mais graves problemas de poluição. Mesmo em pequenas concentrações, são uma ameaça para o ambiente e a saúde humana, porque não são biodegradáveis.

As técnicas analíticas convencionais para metais pesados (tais como a espectrometria de absorção atómica a vapor frio, e a espectrometria de massa de plasma acoplado indutivamente) são precisas mas sofrem das desvantagens de um custo elevado, da necessidade de pessoal treinado e do facto de terem de ser realizadas em laboratório.

Muitos dos biossensores bacterianos desenvolvidos para análise de metais pesados em amostras ambientais, fazem uso de genes específicos responsáveis pela resistência bacteriana a estes elementos, tais como os receptores biológicos. Estirpes bacterianas resistentes a alguns metais, tais como zinco, cobre, estanho, prata, mercúrio e cobalto, foram isolados como possíveis receptores biológicos.

Os métodos enzimáticos são também comummente utilizados para a determinação de iões metálicos, uma vez que estes podem ser baseados na utilização de uma vasta gama de enzimas que são inibidas explicitamente por baixas concentrações de determinados iões metálicos.

Algumas das biomoléculas utilizadas em biomoleculas para a detecção de metais pesados estão listadas abaixo:

Quadro 4.1: Algumas das biomoléculas utilizadas nos biossensores para a detecção de
metais pesados

Biomolecule in biosensors	Metals detected
DNA	Cadmium, Mercury (II), Lead (II)
Pseudomonas fluorescens	Zinc, copper, cadmium, nickel
Urease enzyme	Mercury, Cadmium, Arsenic
Chlorella vulgaris	Zinc, copper, nickel, lead, iron, aluminium

4.8.3 Poluentes Orgânicos

A carência bioquímica de oxigénio (CBO ou CBO5) é um parâmetro amplamente utilizado para indicar a quantidade de matéria orgânica biodegradável na água. A sua determinação é demorada e, consequentemente, não é adequada para monitorização de processos em linha.

A determinação rápida da CBO poderia ser conseguida com métodos baseados em biossensores. A maioria dos sensores de CBO depende da medição da taxa de respiração bacteriana na proximidade de um transdutor, geralmente do tipo Clark (um sensor amperométrico desenvolvido pela Clark em 1956 para medir o oxigénio dissolvido).

Os biossensores de CBO são os biossensores comerciais mais comuns para a monitorização ambiental. Um conhecido sistema biosensor para medir a CBO utiliza células de Escherichia coli recombinante com genes Vibrio fisheri lux AE. Com este sistema foi possível a análise em tempo real de múltiplas amostras. Estes dispositivos práticos foram comercializados principalmente para as indústrias alimentar e farmacêutica.

4.8.4 Compostos de Nitrogénio

Os nitritos são amplamente utilizados para a conservação de alimentos e fertilização de solos. Contudo, o consumo contínuo destes iões pode causar sérias implicações para a saúde humana, principalmente porque pode reagir de forma irreversível com a hemoglobina.

Os biossensores baseados em citocromo c nitrite reductase (ccNiR) podem ser utilizados para a determinação amperométrica de nitritos. A amperometria é a detecção de iões numa solução baseada em corrente eléctrica ou alterações na corrente eléctrica. Estes instrumentos mostram uma resposta rápida aos nitritos (5 segundos) com um intervalo linear entre concentrações de nitritos 0,015 e 2,35 pM.

Os eléctrodos condutimétricos modificados por mediador de metilo viólogo misturado com enzima de nitrato redutase como biosensor também podem ser utilizados para a detecção de nitratos.

4.8.5 Bifenilos policlorados

Os bifenilos policlorados (PCB) são compostos orgânicos tóxicos que são poluentes ambientais ubíquos, embora a sua produção tenha sido proibida em vários países há muitos anos. 209 congéneres de bifenilos policlorados persistem em todo o mundo no ambiente e na cadeia alimentar.

Entre várias técnicas de imunoensaio, o ensaio de imunoensaio enzimático (ELISA) combinado com a detecção do ponto final colorimétrico são as mais populares. Outra abordagem interessante é a utilização da tecnologia de imunoensaio. Os imunossensores são uma classe de biossensores que utilizam como elementos de reconhecimento biológico, anticorpos ou antigénios.

4.8.6 Compostos Fenólicos

Um número considerável de poluentes orgânicos, que se encontram amplamente distribuídos no ambiente, têm estruturas fenólicas. Os fenóis e seus derivados são bem conhecidos devido à sua elevada toxicidade e são compostos comuns em efluentes industriais, provenientes das actividades relacionadas com a produção de plásticos, corantes, drogas, antioxidantes, polímeros, resinas sintéticas, pesticidas, detergentes, desinfectantes, refinaria de petróleo e principalmente celulose e papel.

Vários fenóis substituídos, tais como clorofenóis e nitrofenóis, são altamente tóxicos para os seres humanos e organismos aquáticos. Estes dois grupos de fenóis substituídos são os principais produtos de degradação de pesticidas organofosforados e fenoxiácidos clorados. Mesmo em pequenas concentrações (<1 ppm), os compostos fenólicos afectam o sabor e o odor da água potável e dos peixes.

Os poluentes tóxicos nas águas residuais geralmente interagem com o ADN, levando a danos para a saúde humana, mas estas interacções reais entre estes poluentes tóxicos e o ADN podem ser utilizadas em biossensores de ADN electroquímicos, gerando um sinal de resposta, fornecendo assim uma abordagem prática para uma despistagem rápida dos poluentes. Com base neste princípio, foram propostos vários sensores de ADN electroquímicos para monitorização ambiental.

Algumas das biomoléculas utilizadas para a detecção de compostos fenólicos estão listadas abaixo:

Quadro 4.2: Algumas das biomoléculas utilizadas para a detecção de compostos fenólicos

Biomolecule in biosensors	Analyte
DNA	m-cresol or catechol
Laccase and tyrosinase	Binary mixtures of (i) phenol and chlorophenol, (ii) catechol and phenol, (iii) cresol and chlorocresol, (iv) phenol and cresol
Tyrosinase from Mushroom tissue	Phenol
Polyphenol oxidase	Phenol, p-cresol, m-cresol, catechol

4.8.7 Desruptores Endócrinos e Hormonas

Desreguladores endócrinos, compostos exógenos que alteram a homeostase hormonal endógena, têm sido sistematicamente descarregados no ambiente. Estes contaminantes têm sido relacionados com a diminuição do número de espermatozóides humanos e o aumento da incidência de cancros testiculares, da mama e da tiróide. Estes desreguladores endócrinos podem actuar através dos seguintes mecanismos:

a) inibição de enzimas relacionadas com a síntese hormonal

b) alteração da concentração livre de hormonas por interacção com globulinas plasmáticas

c) alteração na expressão das enzimas do metabolismo hormonal

d) interacção com receptores hormonais, actuando como agonistas ou antagonistas

e) alteração da transdução de sinal resultante da acção hormonal

A importância da identificação dos desreguladores endócrinos envolve a caracterização dos contaminantes ambientais e a investigação de novas substâncias descarregadas no ambiente.

Os resíduos hormonais naturais e sintéticos podem ser encontrados no ambiente como resultado da excreção humana ou animal devido ao crescimento populacional e à agricultura mais intensiva. Hormonas como o estradiol, estrona e etinylestradiol foram encontradas na água, mas mesmo em baixas concentrações, algumas delas podem ter actividade de desregulação endócrina em organismos aquáticos ou mesmo terrestres. Estrona, progesterona e testosterona, juntamente com outros poluentes orgânicos, foram determinados com um imunossensor óptico totalmente automatizado em amostras de água.

Para a detecção de progesterona no leite de vaca é utilizado um biosensor electroquímico fabricado por deposição de anticorpo monoclonal antiprogesterona (mAb) em eléctrodos de carbono serigrafados (SPCE) que foram revestidos com IgG (rIgG) anti-séptico de coelho.

4.8.8 Compostos organofosforados

Os compostos organofosforados são um grupo de químicos que são amplamente utilizados como insecticidas na agricultura moderna para controlar uma grande variedade de pragas de insectos, ervas daninhas, e vectores transmissores de doenças.

Pesticidas: Um pesticida é qualquer substância ou mistura de substâncias destinadas a prevenir, destruir, repelir, ou atenuar os danos de qualquer praga. De todos os poluentes ambientais, os pesticidas são os mais abundantes, presentes na água, atmosfera, solo, plantas, e alimentos.

Algumas das biomoléculas utilizadas num biosensor para a detecção de pesticidas estão listadas abaixo:

Quadro 4.3: Algumas das biomoléculas utilizadas num biosensor para a detecção de
pesticidas

Biomolecule in biosensors for detection of pesticides	Analyte
Peroxidase	Simazine
Antibody encapsulate	Isoproturon
Parathion hydrolase	Parathion
Alkaline phosphate	Paraoxon

Herbicidas: Para a detecção de herbicidas como as fenilureias e triazinas, que inibem a fotossíntese, foram concebidos biosensores com receptores de membrana de tilacóides e cloroplastos, fotossistemas e centros de reacção ou células completas como algas unicelulares e fenilureias e triazinas, nos quais foram utilizados principalmente transdutores amperométricos e ópticos. Alguns exemplos de biomoléculas em biossensores utilizados na detecção de herbicidas são listados abaixo:

Quadro 4.4: Alguns exemplos de biomoléculas em biossensores utilizadas na detecção de herbicidas

Biomolecule in biosensors for detection of herbicides	Analyte
Acetilocolonesterase	2,4-diclorophenoxiacetic acid
Cyanobacteria	Diuron, Paraquat

Dioxinas: As dibenzo-p-dioxinas policloradas (PCDD) e os dibenzofuranos (PCDF) são um grupo de compostos químicos, colectivamente conhecidos como "dioxinas". As dioxinas são substâncias potencialmente tóxicas para os seres humanos com um impacto significativo no ambiente que podem atingir acidentalmente a cadeia alimentar, como resíduos contaminantes presentes na água e no solo. As dioxinas são organo-solúveis, tóxicas, teratogénicas (é um agente que pode perturbar o desenvolvimento do embrião ou do feto) e cancerígenas. São subprodutos não intencionais de muitos processos industriais onde se produz, utiliza e elimina cloro e produtos químicos derivados do mesmo. As emissões industriais de dioxinas para o ambiente podem ser transportadas a longas distâncias por correntes de ar e, menos importante, por rios e correntes marítimas.

Consequentemente, as dioxinas estão agora amplamente presentes em todo o globo. Estima-se que mesmo que a produção parasse completamente hoje em dia, os actuais níveis ambientais levariam anos a diminuir. Isto porque as dioxinas são persistentes, levando anos a séculos a deteriorar-se, e podem ser continuamente recicladas no ambiente. Biosensores para a detecção e monitorização destes poluentes na área seriam extremamente úteis.

Teoricamente, os biossensores podem ser classificados de acordo com os seus elementos de reconhecimento biológico que estão a ser utilizados. Estes elementos podem ser enzimas, anticorpos, ADN, células inteiras e outros receptores biológicos. Alguns destes elementos de biorecognição foram estudados para determinar dioxinas e bisfenilos policlorados (PCB) semelhantes a dioxinas.

4.9 INTRODUÇÃO AO BIOCHIP/BIO-SENSOR, E BIOMEMS

4.9.1 Biochip/Biosensores

Os biochips podem ser definidos como "dispositivos de inspiração microelectrónica que são utilizados para entrega, processamento, análise, ou detecção de moléculas e espécies biológicas". Estes dispositivos são utilizados para detectar células, microrganismos, vírus, proteínas, ADN e ácidos nucleicos relacionados, e pequenas moléculas de importância e interesse bioquímico. Nanogen, Affymetrix, e Caliper são alguns dos biochips comercializados.

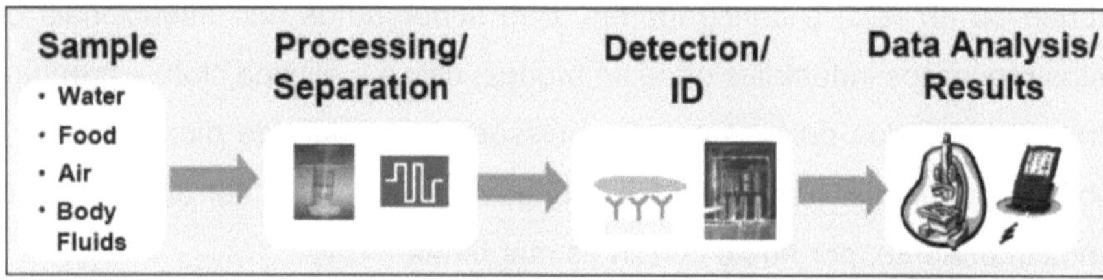

Figura 4.6: Visão geral do biochip/biosensor

Principais Atributos dos Biochips:

1. Pequena escala de comprimento

2. Pequena massa térmica

3. Fluxo laminar, Re < 1; [Nota: O fluxo laminar é um regime de fluxo caracterizado por alta difusão de momento e baixa convecção de momento (o movimento causado dentro de um fluido pela tendência do

material mais quente e, portanto, menos denso a subir, e do material mais frio e mais denso a afundar sob a influência da gravidade, o que consequentemente resulta na transferência de calor). Quando um fluido flui através de um canal fechado, como um tubo ou entre duas placas planas, pode ocorrer qualquer um dos dois tipos de fluxo dependendo da velocidade e viscosidade do fluido: fluxo laminar ou fluxo turbulento].

4. Elevada relação superfície/volume.

4.9.2 BioMEMS

BioMEMS são sistemas que utilizam MEMS ou componentes biomoleculares para detectar, analisar, medir ou accionar. Esta é uma breve visão geral de alguns dos milhares de BioMEMS actualmente utilizados no campo da medicina e outros em desenvolvimento e testes.

A natureza interdisciplinar do bio-MEMS combina ciências materiais, ciências clínicas, medicina, cirurgia, engenharia eléctrica, engenharia mecânica, engenharia óptica, engenharia química, e engenharia biomédica. Algumas das suas principais aplicações incluem a genómica, proteómica, diagnóstico molecular, diagnóstico no local de tratamento, engenharia de tecidos, análise de células únicas e microdispositivos implantáveis.

4.9.3 Bio-MEMS em Implantes Médicos e Cirurgia

Microelectrodos implantáveis: O objectivo dos microelectrodos implantáveis é a interface com o sistema nervoso do corpo para registar e enviar sinais bioeléctricos para estudar doenças, melhorar próteses, e monitorizar parâmetros clínicos.

Microferramentas para cirurgia: Bio-MEMS para aplicações cirúrgicas podem melhorar a funcionalidade existente, adicionar novas capacidades para os cirurgiões desenvolverem novas técnicas e procedimentos, e melhorar os resultados cirúrgicos, reduzindo o risco e fornecendo feedback em tempo real durante a operação. A incorporação de sensores em ferramentas cirúrgicas permite também feedback táctil para o cirurgião, identificação do tipo de tecido através de tensão e densidade durante as operações de corte, e cateterização diagnóstica para medir fluxos sanguíneos, pressões, temperaturas, conteúdo de oxigénio, e concentrações químicas.

Entrega de medicamentos: Microneedles, sistemas de formulação, e sistemas implantáveis são bio-MEMS aplicáveis ao fornecimento de medicamentos. Microneedles de aproximadamente 100pm podem penetrar a barreira cutânea e entregar drogas às células subjacentes e fluido intersticial com redução dos danos nos tecidos, redução da dor, e sem sangramento.

4.10 BIACORE, UM BIOSENSOR ÓPTICO

Uma introdução à tecnologia SPR da Biacore

Como pioneira e líder mundial no desenvolvimento da tecnologia de Ressonância de Plasma de Superfície (SPR), a Biacore revolucionou a investigação científica ao permitir a detecção e monitorização em tempo real de eventos de ligação biomolecular - abrindo assim o caminho para uma melhor compreensão dos mecanismos bioquímicos.

A Biacore é especializada na medição de interacções biomoleculares, incluindo interacções proteína-proteína, pequenas interacções molécula/fragmento-proteína, etc. A sua tecnologia é frequentemente utilizada para medir não só afinidades de ligação, mas também constantes de taxa cinética e termodinâmica. A tecnologia é baseada na ressonância plasmónica de superfície (SPR), um fenómeno óptico que permite a detecção em tempo real de interacções não rotuladas. Os biossensores baseados em SPR podem ser utilizados na determinação da concentração activa, bem como na caracterização das interacções moleculares tanto em termos de afinidade como de cinética química.

O chip sensor Biacore está no centro da tecnologia. As medições quantitativas da interacção de ligação entre uma ou mais moléculas estão dependentes da imobilização de uma molécula alvo à superfície do chip sensor. Os parceiros de ligação ao alvo podem ser capturados a partir de uma mistura complexa, na maioria dos casos, sem purificação prévia (por exemplo, material clínico, meios de cultura celular) à medida que passam por cima do chip. As interacções entre proteínas, ácidos nucleicos, lípidos, hidratos de carbono e mesmo células inteiras podem ser estudadas.

O chip do sensor consiste numa superfície de vidro, revestida com uma fina camada de ouro. Isto forma a base de uma gama de superfícies especializadas concebidas para optimizar a ligação de uma variedade de moléculas.

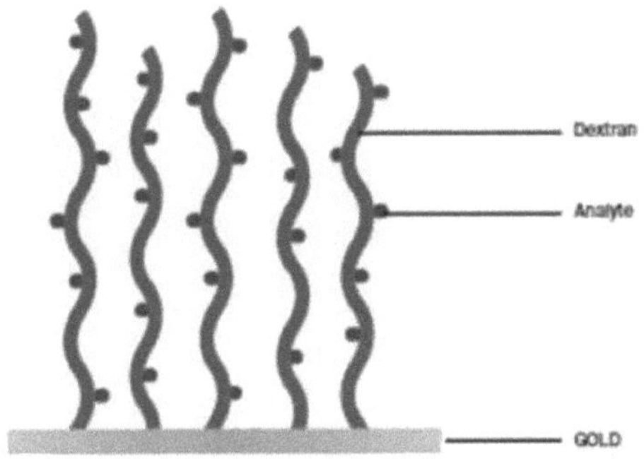

Figura 4.7: Representação esquemática da superfície de um chip sensor

No chip sensor mais amplamente utilizado, a superfície dourada é modificada com uma camada carboximetilada de dextrano. Esta camada de dextrano hidrogel forma um ambiente hidrofílico para biomoléculas anexas, preservando-as num estado não desnaturado. Uma gama de outras superfícies derivadas está também disponível para permitir vários produtos químicos de imobilização.

REFERÊNCIAS

> https://arxiv.org/pdf/q-bio/0504004?origin=publication_detail
> https://www.cell.com/biophysj/pdf/S0006-3495(05)72864-2.pdf?code=cell-site
> https://en.wikipedia.org/wiki/Polyvalent_DNA_gold_nanoparticles
> https://en.wikipedia.org/wiki/Monitoring_in_clinical_trials
> https://en.wikipedia.org/wiki/Non-invasive_(médico)
> https://www.intechopen.com/download/pdf/16445
> http://libna.mntl.illinois.edu/pdf/Lecture_1_biochips.pdf
> https://quizlet.com/135137986/convection-currents-flash-cards/
> https://en.wikipedia.org/wiki/Bio-MEMS
> http://www.rci.rutgers.edu/%7Elonghu/Biacore/pdf_files/SPR_Technol o gy_Brochure.p

CAPÍTULO 5

NANOMATERIAIS PARA SUPERCAPACITORES

5.1 SUPERCAPACITOR

Capacitor

Um condensador consiste em duas ou mais placas condutoras separadas por um dieléctrico. Quando uma corrente eléctrica entra no condensador, o dieléctrico pára o fluxo e uma carga acumula-se e é armazenada num campo eléctrico entre as placas. Cada condensador é concebido para ter uma capacitância particular (armazenamento de energia). Quando um condensador é ligado a um circuito externo, uma corrente descarrega-se rapidamente.

Características do Supercapacitor

Num supercapacitor, não há dieléctrico entre placas; em vez disso, há um electrólito e um isolante fino, como cartão ou papel. Quando uma corrente é introduzida no supercapacitor, os iões são construídos em ambos os lados do isolador para gerar uma dupla camada de carga. Os supercapacitores estão limitados a baixas tensões, mas de muito alta capacitância, uma vez que

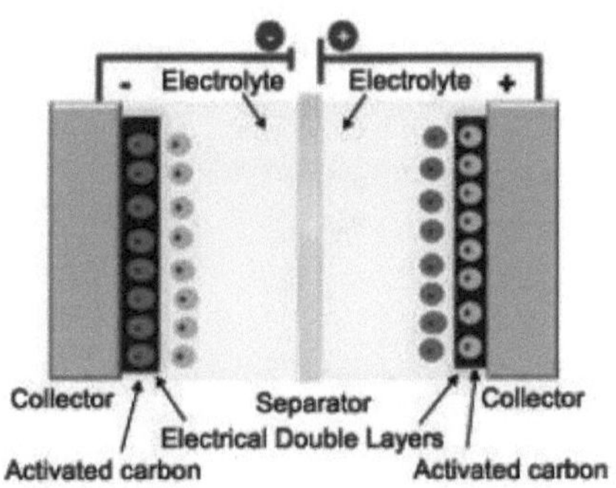

uma alta voltagem iria quebrar o electrólito.

Figura 5.1: Representação esquemática do funcionamento de um supercapacitor

Um supercapacitor é um dispositivo com alta capacitância que varia de 10 a 100 vezes mais capacitância do que um condensador electrolítico. É também conhecido como supercapacitor, ultracapacitor ou tampa de ouro. São geralmente utilizados em automóveis para travagem regenerativa, armazenamento de energia a curto prazo ou fornecimento de energia em modo de explosão. Aqui utilizam uma dupla camada electrostática e uma pseudocapacitância electroquímica.

Os supercapacitores consistem em dois eléctrodos separados por uma membrana permeável a iões (separador), e um electrólito que liga ionicamente ambos os eléctrodos. Quando os eléctrodos são polarizados por uma tensão aplicada, os iões no electrólito formam camadas duplas eléctricas de polaridade oposta à polaridade do eléctrodo. Por exemplo, os eléctrodos polarizados positivamente terão uma camada de iões negativos na interface eléctrodo/electrolito, juntamente com uma camada de íões positivos que se adsorvem na camada negativa. O contrário é verdadeiro para o eléctrodo polarizado negativamente. Além disso, dependendo do material do eléctrodo e da forma da superfície, alguns iões podem permear a camada dupla tornando-se iões especificamente adsorvidos e contribuir com pseudocapacitância para a capacitância total do supercapacitador.

5.2 SUPERCAPACITOR E BATERIA

O mecanismo de uma bateria e de um supercapacitor não é semelhante, apesar de ambos armazenarem e libertarem energia eléctrica. A diferença básica entre um condensador comum e um supercapacitor é a ausência de dieléctrico.

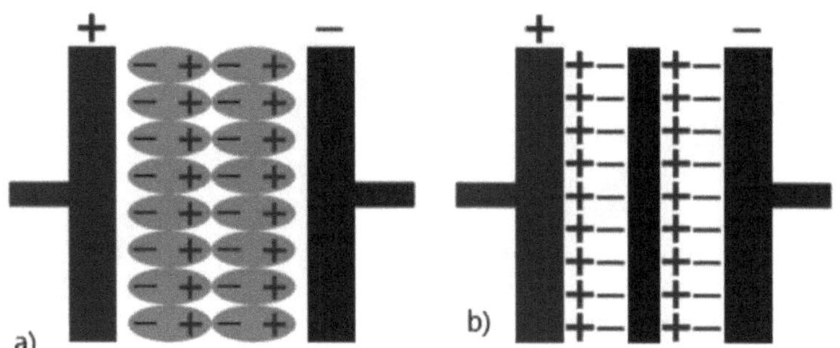

Figura 5.2: a) Um condensador, b) Um supercapacitor

Um condensador alinha as moléculas de um dieléctrico através de um campo eléctrico para armazenar energia. Um supercapacitor alinha as cargas de um electrólito de cada lado de um isolador para armazenar uma carga de dupla camada. São funcionalidades diferentes devido às seguintes razões:

- Uma bateria utiliza reacções químicas para armazenar energia, enquanto que um supercapacitor adsorve directamente os iões.

- A bateria é para armazenamento e utilização de energia a longo prazo, mas os supercapacitores são utilizados a curto prazo, um elevado surto de energia.

  Os supercapacitores armazenam mais energia do que as baterias.

  Os supercapacitores são utilizados em aplicações de carga pesada, tais como automóveis, enquanto as baterias são utilizadas em aplicações de carga pequena, tais como relógios, calculadoras, etc.

5.3 ANTECEDENTES TEÓRICOS DO SUPERCAPACITOR

Os condensadores convencionais consistem em dois eléctrodos condutores separados por um material dieléctrico isolante. Quando uma tensão é aplicada a um condensador, acumulam-se cargas opostas nas superfícies de cada eléctrodo. As cargas são mantidas separadas pelo dieléctrico, produzindo assim um campo eléctrico que permite que o condensador armazene energia. Isto é ilustrado na figura 5.3.

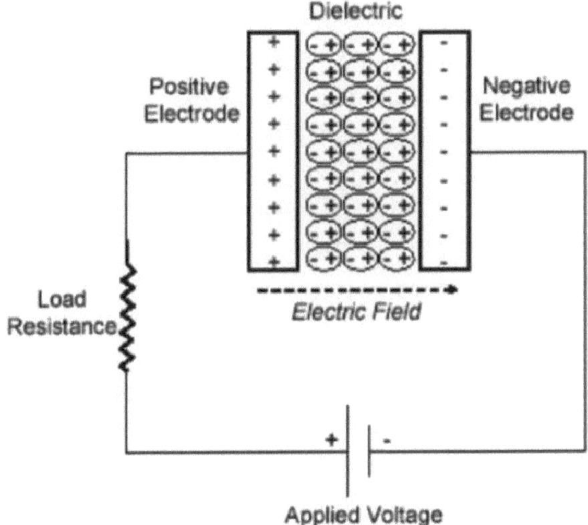

Figura 5.3: Representação de um condensador

A capacitância C é definida como a relação entre a carga Q armazenada (positiva) e a tensão V aplicada.

$$C = Q/V \qquad (1)$$

Para um condensador convencional, C é directamente proporcional à área de superfície A de cada eléctrodo e inversamente proporcional à distância 'd' entre os eléctrodos.

$$C = \varepsilon A/d \qquad (2)$$

Onde ε é a constante dieléctrica

Os dois atributos primários de um condensador são a sua densidade energética e a densidade de potência. Para qualquer das medidas, a densidade pode ser calculada como uma quantidade por unidade de massa ou por unidade de volume. A energia E armazenada num condensador é directamente proporcional à sua capacitância:

$$E = \tfrac{1}{2} CV^2 \qquad (3)$$

Em geral, a potência P é a energia gasta por unidade de tempo. Para determinar P para um condensador, no entanto, deve-se considerar que os condensadores são geralmente representados como um circuito em série com uma resistência externa de "carga" R.

Os componentes internos do condensador (por exemplo, colectores de corrente, eléctrodos e material dieléctrico) também contribuem para a resistência, que é medida em agregado por uma quantidade conhecida como a resistência em série equivalente (ESR). Estas resistências determinam a tensão durante a descarga. Quando medida na impedância correspondente (R = ESR), a potência máxima Pmax para um condensador é dada por:

$$Pmax = v^2/4 \times ESR \qquad (4)$$

Esta relação mostra como o ESR pode limitar a potência máxima de um condensador. Os condensadores convencionais têm densidades de potência relativamente altas, mas densidades de energia relativamente baixas quando comparados com baterias electroquímicas e células de combustível. Ou seja, uma bateria pode armazenar mais energia total do que um condensador, mas não a pode entregar muito rapidamente, o que significa que a sua densidade de energia é baixa. Os condensadores, por outro lado, armazenam relativamente menos energia por unidade de massa ou volume, mas a energia eléctrica que armazenam pode ser descarregada rapidamente para produzir muita energia, pelo que a sua densidade de energia é normalmente elevada. Os mesmos princípios básicos regem os supercapacitores que os condensadores convencionais. Contudo, incorporam eléctrodos com áreas de superfície A muito mais elevadas e dieléctricos muito mais finos que diminuem a distância 'd' entre os eléctrodos. Assim, a partir dos Eq. 2 e 3, isto leva a um aumento tanto da capacitância como da energia.

Além disso, ao manter a baixa característica ESR dos condensadores convencionais, os supercapacitores também podem atingir densidades de potência comparáveis. Além disso, os supercapacitores têm várias vantagens sobre as baterias electroquímicas e as células de combustível, incluindo uma maior densidade de potência, tempos de carga mais curtos, e uma maior duração do ciclo e vida útil.

5.4 CLASSIFICAÇÃO DO SUPERCAPACITOR

Com base nas tendências actuais de I&D, os supercapacitores podem ser divididos em três classes gerais: condensadores electroquímicos de dupla camada, pseudocapacitores, e condensadores híbridos. O seu mecanismo único de armazenamento de carga caracteriza cada classe. Estes são, respectivamente, não-Faradaic, Faradaic, e uma combinação dos dois. Os processos Faradaic, tais como reacções de oxidação-redução, envolvem a transferência de carga entre eléctrodo e electrólito. Um mecanismo não-faradaico, pelo contrário, não utiliza um mecanismo químico. Pelo contrário, as cargas são distribuídas em superfícies por processos físicos que não envolvem a fabricação ou quebra de ligações químicas.

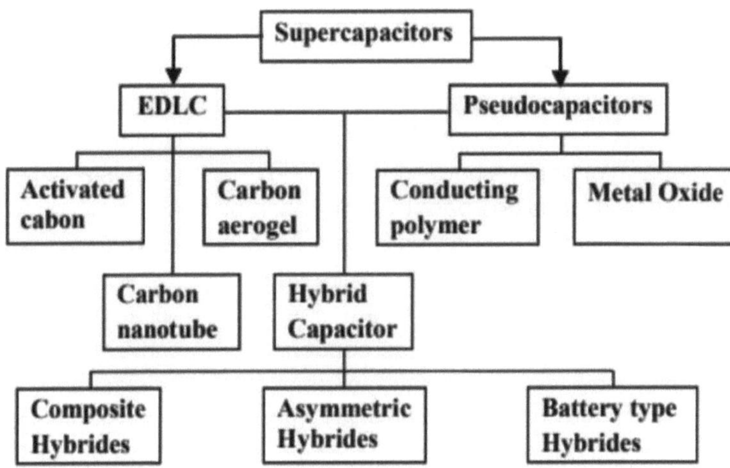

Figura 5.4: Classificação dos supercapacitores

5.5 CONDENSADOR ELECTROQUÍMICO DE DUPLA CAMADA

Os condensadores electroquímicos de dupla camada (EDLC) são construídos a partir de dois eléctrodos à base de carbono, um electrólito, e um separador. A figura 5.5 fornece um esquema de um EDLC típico.

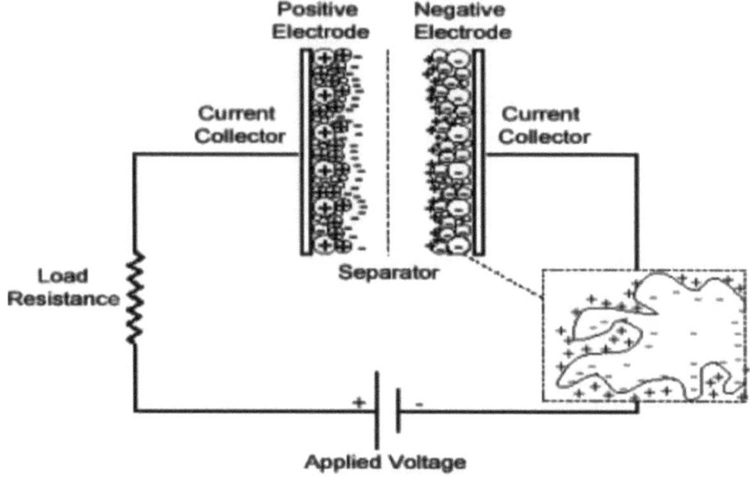

Figura 5.5: Esquema do EDLC

Tal como os condensadores convencionais, os EDLCs armazenam carga electrostática, ou não-faradaicamente, e não há transferência de carga entre o eléctrodo e o electrólito. Os EDLCs utilizam uma dupla camada electroquímica de carga para armazenar energia. À medida que a tensão é aplicada, a carga acumula nas superfícies do eléctrodo. Seguindo a atracção natural de cargas diferentes, os iões na solução electrolítica difundem-se através do separador para os poros do eléctrodo de carga oposta. No entanto, os eléctrodos são concebidos para evitar a recombinação dos iões. Assim, é produzida uma camada dupla de carga em cada eléctrodo. Estas camadas duplas, juntamente com um aumento da área de superfície e uma diminuição da distância entre eléctrodos, permitem aos EDLCs alcançar densidades energéticas mais elevadas do que os condensadores convencionais. Como não há transferência de carga entre o electrólito e o eléctrodo, não há alterações químicas ou de composição associadas a processos não-faradaicos. Por este motivo, o armazenamento de carga em EDLCs é altamente reversível, o que lhes permite alcançar uma estabilidade de ciclo muito elevada.

Os EDLCs funcionam geralmente com características de desempenho estáveis para um grande número de ciclos de carga e descarga, por vezes até 10 ciclos. Por outro lado, as baterias electroquímicas estão geralmente limitadas a apenas cerca de 103 ciclos. Devido à sua estabilidade ciclística, os

EDLCs são bem adequados para aplicações que envolvem locais que não podem ser reparados pelos utilizadores, tais como ambientes de mar profundo ou de montanha.

As características de desempenho de um EDLC podem ser ajustadas através da alteração da natureza do seu electrólito. Um EDLC pode utilizar quer um electrólito aquoso quer um orgânico. Os electrólitos aquosos, tais como H_2SO_4 e KOH, têm geralmente um ESR mais baixo e requisitos mínimos de tamanho de poro inferiores aos dos electrólitos orgânicos, tais como o acetonitrilo. No entanto, os electrólitos aquosos também têm tensões de ruptura mais baixas. Portanto, ao escolher entre um electrólito aquoso ou orgânico, deve-se considerar os tradeoffs entre capacidade, ESR, e tensão. Devido a estas contrapartidas, a escolha do electrólito depende muitas vezes da aplicação pretendida do supercapacitor. Embora a natureza do electrólito seja de grande importância na concepção do supercapacitor, as subclasses dos EDLC distinguem-se principalmente pela forma de carbono que utilizam como material do eléctrodo. Os materiais de eléctrodos de carbono têm geralmente uma maior superfície, menor custo, e técnicas de fabrico mais estabelecidas do que outros materiais, tais como polímeros condutores e óxidos metálicos.

Diferentes formas de materiais de carbono que podem ser utilizados para armazenar carga em eléctrodos EDLC são carbonos activados, aerogeles de carbono, e nanotubos de carbono.

5.6 PSEUDOCAPACITOR

Ao contrário dos EDLCs, que armazenam carga electrostática, os pseudocapacitores armazenam carga Faradaically através da transferência de carga entre eléctrodo e electrólito. Isto é conseguido através de electrosorção, reacções de redução-oxidação, e processos de intercalação. Estes processos Faradaic podem permitir que os pseudocapacitores atinjam maiores capacidades e densidades energéticas do que os EDLCs.

Dois materiais de eléctrodos são utilizados para armazenar carga em pseudocapacitores, polímeros condutores e óxidos metálicos. A transferência de carga que tem lugar nestas reacções é dependente da tensão, pelo que ocorre um fenómeno capacitivo. Há dois tipos de reacções que podem envolver uma transferência de carga que depende da tensão. Uma é uma reacção redox, e a outra é a adsorção de iões.

5.7 CONDENSADOR HÍBRIDO

Os condensadores híbridos tentam explorar as vantagens relativas e mitigar as desvantagens relativas dos EDLCs e dos pseudocapacitores para realizar melhores características de desempenho. Utilizando processos Faradaic e não-Faradaic para armazenar carga, os condensadores híbridos alcançaram densidades de energia e potência superiores às dos EDLCs sem os sacrifícios na estabilidade e acessibilidade de ciclos que limitaram o sucesso dos pseudocapacitores. A investigação centrou-se em três tipos diferentes de condensadores híbridos, distinguidos pela sua configuração de eléctrodos: compostos, assimétricos, e tipo de bateria, respectivamente.

5.8 SUPERCAPACITORES ASSIMÉTRICOS

Considerar uma situação de ganho mútuo em que os princípios fundamentais por detrás das baterias e dos supercapacitores trabalham em conjunto para alcançar o objectivo comum de maior densidade de energia e densidade de potência. Uma dessas concepções é "supercapacitores assimétricos (ASCs)", que, ao contrário dos supercapacitores tradicionais, consistem em dois eléctrodos diferentes, ou seja, um eléctrodo Faradaic tipo bateria (catódico) como fonte de energia e um eléctrodo tipo condensador (ânodo) como fonte de energia.

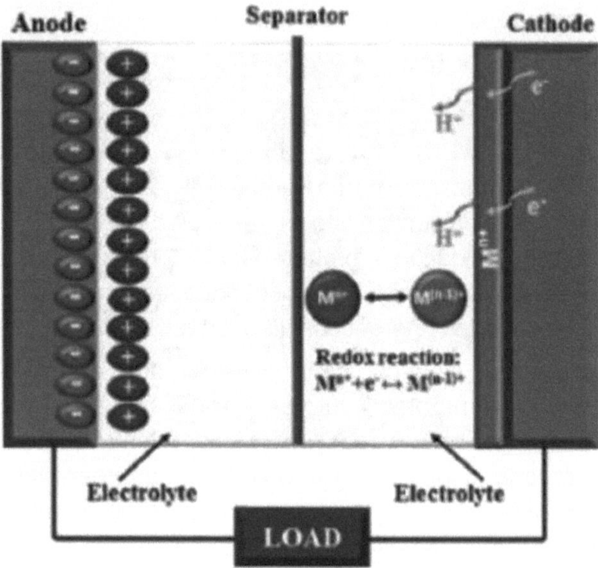

Figura 5.6: Esquema mostrando a construção típica de um supercapacitor

assimétrico

Tipicamente, num supercapacitor simétrico, a tensão de trabalho é limitada a menos de 1,0 V devido ao potencial de ruptura termodinâmica das moléculas de água quando são utilizados electrólitos aquosos. No entanto, a tensão de trabalho pode ser melhorada para além de 2,5 V através da utilização de electrólitos orgânicos. No entanto, estes electrólitos orgânicos são por vezes tóxicos e não são benignos para o ambiente em certas aplicações. Portanto, uma abordagem viável para alcançar uma tensão de trabalho mais elevada para electrólitos aquosos é utilizar dois materiais de eléctrodos diferentes para o ânodo e o cátodo. A razão para a maior densidade de energia (E) alcançada em ASC é devido à maior tensão de funcionamento (V).

Selecção de materiais de eléctrodos

Do ponto de vista do material, os factores que decidem a adequação dos materiais dos eléctrodos são:

Área de superfície: uma vez que a maior parte da carga via EDLC ou pseudocapacidade é armazenada na superfície do material do eléctrodo ou perto dela; a nanoarquitectura pode melhorar muito a área da superfície dos materiais do eléctrodo.

Condutividade electrónica/iónica: a condução limitada de electrões/iões através dos materiais do eléctrodo leva a uma capacidade de baixa taxa e a uma maior resistência de série electroquímica (ESR), resultando assim numa baixa capacitância específica. A integração sem ligantes de eléctrodos, estruturas de poros abertos e compósitos com materiais altamente condutores são abordagens críticas para melhorar a condutividade electrónica.

Estabilidade mecânica/química: a estabilidade cíclica de um supercapacitor depende da robustez mecânica/química dos materiais dos eléctrodos. A fabricação directa de materiais de eléctrodos em colectores de corrente, passivação de superfície e compósitos com materiais electroactivos quimicamente/mecanicamente mais estáveis são abordagens viáveis para uma melhor duração do ciclo.

Além disso, dependendo da aplicação, a toxicidade e a relação custo-eficácia dos materiais activos utilizados no desenho de um eléctrodo também deve ser considerada durante a selecção de materiais.

5.9 MATERIAIS DE ELÉCTRODOS NEGATIVOS (ÂNODO)

5.9.1 Material à base de carbono

O século 21st tornou-se predominantemente a era do carbono, uma vez que o carbono é o elemento de base de quase todos os novos dispositivos de energia, incluindo baterias de iões de lítio, supercapacitores, ultracapacitores, e dispositivos de armazenamento de hidrogénio. Os materiais à base de carbono são os candidatos mais prospectivos para materiais anódicos em ASC, devido ao seu baixo custo, abundância, não toxicidade, e natureza amiga do ambiente, bem como à sua elevada condutividade electrónica e estabilidade mecânica excepcional. Estes materiais funcionam geralmente como condensadores electroquímicos de dupla camada (EDLCs); uma estrutura porosa sintonizável e química de superfície de carbono, bem como uma grande área de superfície e alta condutividade eléctrica, são atributos desejados na adaptação das propriedades dos eléctrodos para alcançar um desempenho óptimo.

Carboneto activado: Entre os vários materiais carbonosos, os carvões activados (ACs) foram a primeira escolha de investigação e perspectivas comerciais nos últimos 40 anos devido aos seus méritos de baixo custo, grande superfície teórica (=3000 m2 g-1) e uma ampla sintonização do tamanho dos poros, variando de macróforos (>50 nm) a nanoporos (<2 nm)

Nanotubos de carbono: Apesar da grande utilização de materiais AC como eléctrodos ASC, a inacessibilidade dos iões electrólitos nos seus microporos e/ou átomos interiores a taxas de varrimento mais elevadas continua a ser a questão central que limita as suas capacidades efectivas. Além disso, a sua fraca condutividade eléctrica conduz a uma maior resistência interna que os impede de serem utilizados em supercapacitores de alta densidade de potência. Alternativamente, os nanotubos de carbono (CNTs) têm sido s uggested como material de eléctrodo de supercapacitor. Apesar da sua superfície teórica moderadamente pequena (=50-1315 m^2 g^{-1}), exibiram maiores capacidades em relação a outros materiais de carbono activado. Isto é atribuído às suas estruturas tubulares únicas e à alta densidade de mesoporos, que permitem um transporte rápido da carga e uma grande acessibilidade dos iões electrólitos.

Grafeno: O grafeno, uma camada de carbono 2D atomicamente espessa, é um material negativo-electrodo emergente devido à sua superfície teórica excepcionalmente grande (2630 m2 g-1), excelente mecanismo EDLC, condutividades eléctricas e térmicas balísticas, e grande resistência mecânica. A elevada capacidade intrínseca de dupla camada ("21 pF cm-2) em grafeno pode proporcionar uma grande capacidade específica de até 550 F g-1, superando quase todos os materiais de eléctrodos EDLC, incluindo ACs, CNTs, carbono mesoporoso, e xerogéis.

5.9.2 Óxidos metálicos

Embora os materiais à base de carbono tenham grande potencial como eléctrodos negativos, os seus Csp intrinsecamente baixos e baixa densidade energética são grandes inconvenientes. Por conseguinte, é imperativo explorar novos materiais que exibam simultaneamente uma alta capacidade, bem como uma elevada condutividade. A este respeito, os óxidos metálicos são promissores, pois dependem de um mecanismo pseudocapacitivo de armazenamento de carga, no qual reacções redox reversíveis rápidas ocorrem perto das superfícies dos eléctrodos, oferecendo alta capacitância e densidades de energia.

Entre vários óxidos metálicos, o óxido férrico (Fe_2O_3) apresenta um Csp teórico elevado, uma janela de voltagem ideal, custo-eficácia, abundância, e amigo do ambiente. No entanto, a sua condutividade ("10-14 S cm^{-1}) limita severamente a sua resultante capacidade e potência. A construção de Fe_2O_3 em nanoestruturas, tais como nanorods/nanotubos, pontos quânticos, nano folhas, e nanopartículas, tem sido prosseguida para aliviar esta questão, uma vez que pode fornecer curtos caminhos de difusão aos electrões, melhorando assim a condutividade electrónica.

O trióxido de molibdénio (MoO_3) e o trióxido de tungsténio (WO_3) são também candidatos promissores para materiais anódicos em ASC devido à sua elevada capacidade teórica específica e estrutura em forma de folha fina que facilitam a rápida inserção/remoção de iões electrólitos ainda mais pequenos. À semelhança do Fe_2O_3, também sofrem de baixa condutividade eléctrica e, por conseguinte, carregam materiais activos adicionais com a elevada área de superfície, sendo necessária uma elevada condutividade para ultrapassar este problema.

5.9.3 Nitretos metálicos

Os nitretos metálicos são materiais anódicos emergentes que são superiores aos óxidos metálicos em termos de condutividade eléctrica (4000-55 500 S cm^{-1}) e comportamento pseudocapacitivo, fornecendo altas densidades de potência e energia para as ASC. Entre os vários nitretos, o nitreto de titânio (TiN) tem sido o ânodo mais estudado devido à sua elevada condutividade eléctrica e estabilidade mecânica.

Para além de TiN e VN, os nitretos à base de molibdénio e tungsténio também têm sido procurados para melhorar a estabilidade electroquímica.

5.10 MATERIAIS DE ELÉCTRODOS POSITIVOS (CATÓDICO)

Os eléctrodos positivos para ASC geralmente utilizam os materiais que exibem uma grande quantidade de pseudocapacitância originada pela transferência de carga Faradaic através de reacções redox rápidas e reversíveis, de electroabsorção/dessorção, ou através de intercalação/deintercalação do electrólito com o eléctrodo. O comportamento pseudocapacitivo é geralmente acompanhado por um Csp elevado e uma densidade de energia relativamente elevada, em comparação com o mecanismo EDLC. É porque o grosso do material é exposto às reacções redox, ao contrário do EDLC onde a adsorção de iões ocorre apenas nas camadas superficiais.

Materiais redox-activos como polímeros condutores (por exemplo, polianilina (PANI), poli(3,4-etileno dioxitiofeno) (PEDOT), polipirrol (PPy)) e óxidos/hidróxidos de metais de transição (MnO_2, RuO_2, V_2O_5, e $Ni(OH)_2$) são utilizados como eléctrodos positivos em ASC.

5.10.1 Condução de Polímeros

Os polímeros condutores (CPs) são materiais de eléctrodos ASC promissores devido à sua elevada condutividade eléctrica, grandes ciclos de carga/descarga e elevada pseudocapacidade. PANI, PEDOT, politiofeno (PTh), e PPy são os eléctrodos de PC comummente utilizados. Um dos principais inconvenientes é que os PCs expandem/encolhem durante o processo de intercalação/deintercalação, o que leva à falha mecânica dos eléctrodos quando sujeitos a ciclos mais longos, resultando no desvanecimento do desempenho e estabilidade electroquímica.

A concepção adequada da microestrutura e morfologia do polímero foi explorada para melhorar a capacidade de armazenamento de energia electroquímica e a estabilidade cíclica dos eléctrodos baseados em PCs. Tem-se observado que a construção de PC sob as formas de nanofibras, nanorodas, nanofios e nanotubos pode superar significativamente a sua fraca estabilidade cíclica ao fornecer comprimentos de difusão curtos para maximizar a exposição electrolítica.

Outra estratégia explorada para melhorar a resistência mecânica, condutividade, e estabilidade cíclica dos PC é a fabricação de compósitos com materiais à base de carbono.

5.10.2 Óxidos metálicos

Óxido de Ruténio (RuO2)

RuO2 é um material de eléctrodo promissor para ASC devido à sua alta capacitância específica, reacções redox reversíveis com grande janela potencial, e maior duração do ciclo. Entre as suas duas fases, ou seja, fase cristalina e fase amorfa hídrica, esta última é geralmente mais promissora devido à sua pseudocapacitância ultra-elevada e grandes sítios de reacção activa, bem como às elevadas condutividades de electrões e prótons. Especialmente, a RuO2 nanoestruturada em várias morfologias como nanopartículas, nanoneedles, nanorods, e nanofibras têm demonstrado um desempenho electroquímico notável.

Óxido de Manganês (MПO2)

O MnO2 é um material de eléctrodo promissor para aplicações pseudocapacitoras devido ao seu maior desempenho electroquímico, baixo custo, e natureza benigna do ambiente. A baixa superfície e a fraca condutividade electrónica/iónica do MnO2 são dois grandes problemas que dificultam a sua utilização prática. A engenharia da morfologia do MnO2 em nanoestruturas é considerada como uma abordagem viável para melhorar o seu desempenho electroquímico. As nanoestruturas de MnO2 1D fornecem geralmente caminhos de difusão curtos para iões e electrões, bem como oferecem grandes áreas de superfície, resultando em elevadas capacidades de carga/descarga.

A incorporação de MnO2 com outros materiais da alta superfície e condutividade eléctrica foi extensivamente investigada para aumentar a tensão de trabalho e para melhorar a estabilidade dos eléctrodos resultantes. A maioria dos relatórios sobre compósitos de MnO2 são com materiais carbonáceos tais como ACs, CNTs, e grafeno. As nano folhas de grafeno e os seus derivados também foram explorados para fazer eléctrodos nanocompostos de MnO2.

Vanadium Pentoxide (V2O5)

V2O5 é um composto de intercalação que tem atraído uma atenção significativa como potencial candidato a pseudocapacitores devido à sua alta densidade energética e baixo custo, bem como estados variáveis de oxidação (+2 a +5) e facilidade de fabrico. A engenharia V2O5 em nanoestruturas tem sido prosseguida para superar a limitação da fraca condutividade eléctrica (10^{-2} a

10-3 S cm-1) em V_2O_5, melhorando a cinética electroquímica, encurtando o comprimento de difusão dos iões electrólitos.

Hidróxido de Níquel (Ni(OH)$_2$)

O hidróxido de níquel Ni(OH)$_2$ tem sido amplamente utilizado como material de eléctrodo positivo em baterias à base de níquel, mas é também adequado para supercapacitores electroquímicos devido ao seu elevado Csp teórico (2082 F g^{-1}), à relação custo-eficácia, e à disponibilidade em várias morfologias. Os primeiros estudos relataram que o hidrous Ni(OH)$_2$ produz materiais altamente capacitivos positivos-electrodos com Csp até 1000 F g^{-1} . No entanto, à semelhança de outros óxidos metálicos, o Ni(OH)$_2$ também sofre de baixa estabilidade, baixa condutividade, e mau desempenho do ciclo devido à grande mudança de volume durante os processos de carregamento. O doping de cobalto (Co) e de zinco (Zn) da heteroatom foi utilizado para melhorar o desempenho electroquímico do Ni(OH)$_2$. Co ajuda a melhorar a condutividade eléctrica, enquanto que Zn introduz desordem na malha de Ni(OH)$_2$, maximizando a utilização do material activo e as trajectórias de condução iónica. Para melhores desempenhos, as estruturas porosas de Ni(OH)$_2$ são de imensa importância, uma vez que proporcionam curtas vias de difusão para a difusão iónica, área activa elevada, e boa acomodação de tensão durante o processo de descarga de carga.

Ni(OH)$_2$ também pode formar compósitos com CA, CNT, e nano folhas de grafeno para melhorar o desempenho electroquímico. Eléctrodos amorfos de Ni(OH)$_2$ nanosfera foram explorados para ASC, o que resultou em alta capacidade (153 F g^{-1}) e alta densidade de energia (35,7 W h kg^{-1}) a uma densidade de potência de 490 W kg^{-1} . Os compostos de Ni(OH)$_2$ com outros óxidos também demonstraram propriedades electroquímicas intrigantes. Os compósitos de Co(OH)$_2$-$_{Ni}$(OH)$_2$ foram fabricados para obter Csp mais elevado em comparação com Ni(OH)$_2$ ou NiO.

5.11 ELÉCTRODOS EMERGENTES DE SUPERCAPACITORES 2D

Para além do paradigma estabelecido pelo desempenho capacitivo do grafeno, tem havido uma onda de interesse por outros materiais 2D exóticos para ASC. Neste contexto, materiais 2D inorgânicos como os dicalcogenetos de transição-metal (TMD) estão a ganhar um interesse significativo devido à sua grande superfície, estruturas cristalinas únicas, e extraordinárias propriedades electroquímicas. O dissulfureto de molibdénio (MoS_2), em particular, tornou-se um dos materiais promissores, devido à sua grande capacidade eléctrica de dupla camada (EDLC) e pseudocapacitância com estados variáveis de oxidação Mo (+2 a +6).

As nano fichas MoS_2 alinhadas verticalmente estão a ganhar um interesse significativo como promissores eléctrodos supercapacitores devido à sua elevada relação de aspecto e aos lados amplamente expostos com bordos 2D de alta reactividade química.

5.12 MATERIAIS PARA SUPERCAPACITOR

5.12.1 Eléctrodos de Supercapacitor

Os eléctrodos dos supercapacitores são geralmente revestimentos finos aplicados e ligados electricamente a um colector condutivo de corrente metálica. A quantidade de camada dupla, bem como a pseudocapacidade armazenada por unidade de tensão num supercapacitor, é predominantemente uma função da área de superfície do eléctrodo.

Portanto, os eléctrodos dos supercapacitores são tipicamente feitos de material poroso e esponjoso com uma área de superfície específica extraordinariamente elevada, tal como o carvão activado.

Além disso, a capacidade do material do eléctrodo para realizar transferências de carga Faradaic aumenta a capacidade total.

Quanto mais pequenos forem os poros do eléctrodo maior será a capacidade e a energia específica. No entanto, os poros mais pequenos aumentam a resistência em série equivalente (ESR) e diminuem a potência específica (relação potência/peso).

Um condensador e indutor tornam-se um condensador e indutor ideal quando ligados em série com uma resistência; esta resistência é definida como a resistência equivalente em série (ESR).

Aplicações com altas correntes de pico requerem poros maiores e baixas perdas internas, enquanto que as aplicações que requerem alta energia específica necessitam de poros pequenos.

5.12.2 Eléctrodos para EDLC

Aqui os eléctrodos utilizados devem ser derivados de carbono, tais como carbono activado, tecido de fibra de carbono, carbono derivado de carboneto, aerogel de carbono, grafite, grafeno, e nanotubos de carbono. Estes eléctrodos exibem capacidade electrostática mesmo que alguma quantidade de pseudocapacitância possa estar presente dependendo da distribuição do tamanho dos poros (microporos < 2 nm contribuem para a pseudocapacitância). Alguns dos eléctrodos utilizados para EDLC com as suas propriedades estão listados abaixo:

- O carbono activado é uma forma extremamente porosa de carbono com uma elevada área de superfície específica (1g ~ 1000 a 3000 m2).
- O carbono activado sólido (carbono amorfo) é muito mais barato do que outros derivados de carbono com uma área de superfície de 1000m /g.^{2}
- As fibras de carbono activadas têm um diâmetro típico de 10mm com uma área de superfície de 2500m^{2} /g e também proporcionam uma baixa resistência eléctrica.
- O aerogel de carbono é um material sintético ultra-leve que é um material altamente poroso que quando utilizado como eléctrodo permite uma estabilidade fina e mecânica com a espessura na gama de várias centenas de micrómetros com poros de tamanho uniforme.
- O carbono derivado do carbono também conhecido como carbono nanoporoso sintonizável pode exibir elevada área de superfície e diâmetros de poros sintonizáveis para maximizar o confinamento iónico, aumentando a pseudocapacidade pelo tratamento de adsorção Faradaic H_2.
- Graphene tem uma área específica de 2630 m^{2} /g e uma capacitância de 550F/g.
- Os nanotubos de carbono são moléculas de carbono com uma nanoestrutura cilíndrica com elevada condutividade eléctrica, molhabilidade electrolítica e acesso iónico.

5.12.3 Eléctrodos para Pseudocapacitância

Alguns dos exemplos como materiais de eléctrodos aqui são MnO_2, RuO_2, TiS_2, $FeaO_4$, IrO_2, etc. O armazenamento de carga de óxidos metálicos de transição envolve predominantemente dois mecanismos. O primeiro mecanismo aqui envolve a intercalação de prótons ($H+$) ou catiões de metais alcalinos ($C+$) após redução seguida de desintercalação após oxidação. Enquanto que o segundo mecanismo se baseia na adsorção superficial de catiões electrólitos em eléctrodos de óxidos metálicos. RuO_2, quando utilizado com electrólito H_2SO_4, fornece uma capacitância específica 720F/g. A carga ou descarga teve lugar com 1,2V/electrodo que é 100 vezes superior à do EDLC, utilizando eléctrodos de carbono activado. Foi reportado o maior valor de capacitância (1715F/g) para RuO_2 electrodepositado em supercapacitor de película CNT de parede única porosa.

Foram testados óxidos menos caros utilizando electrólitos aquosos, mas o MnO_2 continua a ser o mais investigado. Outra abordagem da preparação de um eléctrodo pseudocapacitivo é através da utilização de polímeros condutores, uma vez que estes têm uma condutividade elevada. Alguns dos polímeros de alta condutividade são a polianilina, o politiofeno, o polipirrol e o poliacetileno. No entanto, estes eléctrodos oferecem uma estabilidade cíclica menos limitada (até 10000 ciclos), de qualquer forma muito melhor do que as baterias.

5.12.4 Eléctrodos para Capacitores Híbridos

Aqui, um eléctrodo exibirá uma grande quantidade de pseudocapacitância enquanto o outro exibirá uma capacidade de dupla camada. Em tais sistemas, o eléctrodo faradaico irá oferecer uma elevada energia específica enquanto que o outro permite uma elevada potência específica. Os condensadores híbridos fornecem um elevado valor de capacitância específica juntamente com a sua tensão nominal mais elevada e energia específica mais elevada.

Há várias formas de conceber eléctrodos para supercapacitores de tipo híbrido; uma dessas formas é através da utilização de eléctrodo composto onde um composto é preparado pela incorporação ou deposição de óxidos metálicos ou polímeros condutores em materiais derivados de carbono. Por exemplo, no caso dos eléctrodos condensadores de iões de lítio, em que o CNT é dopado com um dopante pseudocapacitivo, os átomos de lítio relativamente pequenos intercalam-se entre as camadas de carbono. Aqui o ânodo é constituído por carbono dopado de lítio com um potencial negativo com carbono activado como cátodo. O outro tipo de construção de eléctrodos é através da utilização de eléctrodos do tipo bateria (condensadores de iões de lítio). Pode ser feito utilizando eléctrodo de carbono EDLC em construção assimétrica. Oferece elevada potência específica, maior duração de ciclo e ciclos de carga e recarga mais rápidos do que as baterias. Um outro tipo de eléctrodos é o eléctrodo assimétrico onde o eléctrodo positivo é constituído por eléctrodo pseudocapacitivo de óxido de metal, e o negativo é de carbono activado. Oferece uma energia específica de 72kJ/kg.

5.13 ELECTRÓLITOS PARA SUPERCAPACITORES

Estes são os solventes em que certos produtos químicos são dissolvidos e dissociados em catiões positivos e ânions negativos. Os electrólitos contendo mais iões dão uma melhor condutividade. Proporciona uma ligação eléctrica entre dois eléctrodos. Os electrólitos fornecem os iões para pseudocapacitância enquanto que também fornece moléculas para separar as monocamadas em dupla camada de Helmholtz. O electrólito deve ser quimicamente inerte. Determina a tensão de funcionamento dos condensadores, a gama de temperaturas, o ESR e a capacitância.

Normalmente, o electrólito aquoso fornece um valor de capacitância mais elevado do que o electrólito orgânico. Espera-se que a viscosidade do electrólito seja baixa. A água, quando dissolvida com produtos químicos inorgânicos tais como ácido sulfúrico (H_2SO_4), hidróxido de potássio (KOH), sais de fosfónio, perclorato de sódio ($NaClO_4$), perclorato de lítio ($LiClO_4$) oferece altos valores de condutividade e tem uma tensão de dissociação de 1,15 por eléctrodo. Os electrólitos com solventes orgânicos tais como acetonitrilo, carbonato de propileno, tetrahidrofurano, carbonato de dietilo são mais caros do que os electrólitos aquosos. Fornecem uma tensão de dissociação mais elevada de 1,35V por eléctrodo, mas também como baixa condutividade eléctrica.

5.14 SEPARADORES

Os separadores nos supercapacitores não são nada parecidos com o dieléctrico nos condensadores. Apesar de não fornecer isolamento, evita o contacto físico entre dois eléctrodos, impedindo o curto-circuito. O material do separador pode ser muito fino e deve ser altamente poroso para transferir os iões que minimizam o ESR. Além disso, deve ser quimicamente inerte e barato. Alguns dos separadores que podem ser utilizados são películas poliméricas não tecidas porosas como o poliacrilonitrilo ou Kapton, fibras de vidro tecidas ou fibras cerâmicas tecidas porosas.

5.15 DISPOSITIVOS SUPERCAPACITORES ASSIMÉTRICOS

Geralmente, as ASC são feitas de eléctrodos pseudocapacitivos positivos e de eléctrodos negativos baseados em EDLC com electrólito no meio. Para conceber dispositivos ASC que sejam leves, robustos e fiáveis com características funcionais excepcionais; a configuração dos dois eléctrodos dissimilares com propriedades e geometrias adaptadas é de primordial importância e deve ser considerada seriamente.

5.16 DISPOSITIVOS SUPERCAPACITORES DO TIPO SANDUÍCHE

As ASC do tipo sanduíche são a configuração mais típica do dispositivo, que consiste em dois eléctrodos planos colados juntos, separados por electrólitos líquidos/gel e um material separador iónico poroso. Os principais benefícios desta configuração são a capacidade de depositar directamente, crescer e implementar com precisão diferentes tipos de materiais e arquitecturas. Existem principalmente três subcategorias de configurações de dispositivos tipo sanduíche, nomeadamente dispositivos construídos em materiais de tela de carbono, andaimes metálicos, e outros substratos condutores.

5.16.1 Configuração de Material-Carbono

Sendo significativamente baixo em custo, altamente condutivo, e mecanicamente flexível, o pano de carbono tem sido amplamente utilizado para as ASC. O pano de carbono é compatível com várias técnicas de deposição, bem como com materiais de eléctrodos. Exemplos incluem:

- Pano de carbono com nano-fios V_6O_{13-x} deficientes de oxigénio incorporados como material anódico e um pano de carbono com óxido de grafite reduzido (rGO) e nanopartículas de MnO_2 electrodepositadas como material catódico.

- ASC flexíveis baseados em nanorods CoS_s como o cátodo e nano folhas de CO_3O_4- RuO_2 como o ânodo integrado em substratos de tecido de tecido de tecido de tecido de tecido de carbono.
- Deposição electroquímica de sulfureto de níquel-cobalto (Ni-Co-S) sobre tecido de carbono como material catódico e colada entre um ânodo grafeno poroso sobre tecido de carbono.
- Nanofios de dióxido de titânio tratado com hidrogénio (H-TiO_2) como núcleo (andaime condutor) sobre panos de carbono.
- MnO_2 depositado electroquimicamente sobre os nanofios de H-TiO_2 como eléctrodos positivos e eléctrodos negativos de H-TiO_2-C fabricados pelo método hidrotérmico.

5.16.2 Configuração de papel químico

Outras formas de carbono, tais como o papel químico também servem como potenciais colectores de corrente em dispositivos ASC. Exemplos incluem:

- Um catódico flexível de rGO/MnO_2 desenvolvido pela adição de precursores de MnO_2 em soluções de óxido de grafeno seguido da filtração a vácuo da suspensão de GO/MnO_2 resulta em rGO/MnO_2 sob a forma de um papel. O ânodo pode ser preparado pelo mesmo método, mas sem incluir MnO_2 no material de papel rGO.
- Os nanofios MnO_2 e In_2O_3 cresceram na membrana SWCNT para formar MnO_2 nanowire/SWCNT como o eléctrodo positivo e In_2O_3 nanowire/ SWCNT como o eléctrodo negativo.

5.16.3 Andaimes de metal

Os andaimes metálicos referem-se a qualquer tipo de espuma ou folha de metal que é utilizada como colector de corrente para o material activo num sistema ASC. Entre os muitos disponíveis, o níquel é frequentemente utilizado devido à sua elevada condutividade, robustez estrutural e baixo custo. Um método comum de carregar materiais activos em andaimes metálicos é preparar um chorume dos materiais e revesti-los nos colectores de corrente.

Exemplo: Catodo nano-esfera de $grafeno/MnO_2$ e um ânodo nano-esfera de $grafeno/MoO_3$ com um electrólito (80 wt% material electroactivo, 15 wt% negro de carbono, e 5 wt% poli(fluoreto de vinilideno)) sob a forma de uma lama revestida sobre um substrato de folha de Ni. O excesso de chorume pode ser removido por aquecimento a 120°C durante 12 hrs.

Em muitos casos, é necessário pressionar fisicamente os materiais activos sobre os andaimes metálicos para assegurar um bom contacto mecânico com os colectores actuais.

Em vez da prensagem mecânica, o crescimento directo de materiais activos nos andaimes metálicos pode fazer pleno uso da sua área de superfície inerentemente elevada. Por exemplo, o catodo de nanowire de CoO-polipirrol cultivado em espumas de Ni, utilizando uma síntese hidrotérmica, é um dispositivo assimétrico com carvão activado como material anódico.

5.17 DISPOSITIVOS SUPERCAPACITORES DO TIPO FIBRA

Com a crescente procura de tecnologias viáveis, foram explorados dispositivos de armazenamento de energia altamente flexíveis, dobráveis e torcíveis. Os supercapacitores do tipo planar não oferecem flexibilidade suficiente e/ou capacidade de dobragem necessária para os tecer em têxteis ou artigos de desgaste. Além disso, os dispositivos planares ocuparão mais espaço no corpo humano e causarão mal-estar ao bloquear o fluxo de ar. Neste contexto, os eléctrodos cilíndricos 1D mantidos juntos em diferentes configurações podem formar uma nova classe de supercapacitores do tipo fibra, que formam blocos de construção adequados para têxteis de energia vestível.

Estes supercapacitores do tipo fibra incluem configurações lado a lado (desenho paralelo), tipo twist-type, tipo coaxial, e tipo wrap-type.

Estes desenhos únicos tornam os têxteis resultantes leves, permitindo a sua fácil integração em dispositivos vestíveis para alcançar a multifuncionalidade, incluindo a detecção, comunicação e armazenamento.

5.17.1 Lado a Lado (Configuração Paralela)

Os supercapacitores de fibra lado a lado são fabricados mantendo dois eléctrodos em forma de fibra paralelos um ao outro, separados por um electrólito de gel/polímero e apoiados por um substrato plano. Estes dispositivos ASC lado a lado podem ser escalados incorporando mais eléctrodos de fibra no substrato planar.

Exemplo: Fibra rGO/SWCNT dopada com azoto como uma fibra do tipo capacitivo (ânodo) e fibra rGO/SWCNT depositada com MnO2 como uma fibra do tipo Faradaic (cátodo).

5.17.2 Configuração do tipo Twist-Type

Devido à procura emergente de electrónica de tecido para várias aplicações, como sensores, células solares e baterias, os supercapacitores de fibra isolados sem qualquer suporte são desejáveis, uma vez que podem ser facilmente tecidos no tecido. Uma configuração do tipo twist-type é um desses desenhos que se baseia em dois eléctrodos de fibra carregados com materiais activos diferentes e que são torcidos juntos para construir um dispositivo ASC em forma de fibra.

O primeiro fio ASC do tipo torção foi montado como fio CNT com fio de CNT fiado como eléctrodo negativo e o fio composto de CNT-MnO2 como eléctrodo positivo. Esta arquitectura assimétrica de torção era operável até 2,0 V e era mecanicamente estável mesmo após 2000 ciclos de dobragem e desdobramento. Além disso, este dispositivo ASC resultou numa alta energia e densidade de potência de 42 W h kg^{-1} e 483,7 W kg^{-1} , respectivamente.

A fibra de carbono-polianilina como eléctrodo positivo e a fibra de carbono funcionalizada como eléctrodo negativo é outro exemplo de supercapacitor assimétrico do tipo torcido.

5.17.3 Configuração do tipo Coaxial-Helix

As ASC baseadas em eléctrodos em configurações de hélice coaxial foram recentemente exploradas, onde um eléctrodo típico do tipo fio ou fibra é enrolado com outro eléctrodo que se assemelha a uma configuração de concha de núcleo.

O eléctrodo de fibra de $Ni(OH)_{2\text{-nanowire}}$ com um eléctrodo de fibra de carbono de mesoporosa encomendado é um exemplo deste tipo de supercapacitor assimétrico.

5.17.4 Configurações do tipo "Wrap-Type

As ASC do tipo "Wrap-type" são concebidas enrolando dois eléctrodos em paralelo com electrólitos poliméricos não condutores. Com este desenho, foi prevista uma boa protecção para dispositivos ASC, evitando qualquer dano directo no eléctrodo externo.

Revestimento de fio de cobre em $p\text{-}Ni(OH)_2$ como catodo e carvão activado revestido em aço inoxidável como anodo com fio de aço inoxidável e cobre como colectores de corrente. Os eléctrodos revestidos com um electrólito de gel PVA-KOH e subsequentemente inseridos num tubo de borracha é um exemplo de configuração do tipo "wrap-type".

5.18 APLICAÇÕES DE SUPERCAPACITORES

Os supercapacitores são utilizados em aplicações que requerem muitos ciclos rápidos de carga/descarga em vez de armazenamento de energia compacto a longo prazo: dentro de automóveis, autocarros, comboios, gruas e elevadores, onde são utilizados para travagem regenerativa, armazenamento de energia a curto prazo ou fornecimento de energia em modo de explosão. As unidades mais pequenas são utilizadas como reserva de memória para memória estática de acesso aleatório (SRAM).

Os supercapacitores não são bons para aplicações de corrente alternada (AC). São geralmente utilizados onde há necessidade de uma grande quantidade de energia num tempo muito curto que é completamente oposto às baterias, e também proporcionam ciclos de carga e descarga elevados ou uma vida útil mais longa. Estas são utilizadas comercialmente:

- Aplicações com cargas flutuantes tais como computadores portáteis, computadores, PDAs, GPS.

- Também fornecem energia para flashes fotográficos em máquinas fotográficas digitais e lanternas LED de vida.

- Os supercapacitores fornecem energia de reserva ou de corte de emergência a equipamentos de baixa potência, tais como RAM, SRAM, Microcontroladores e cartões de PC.

- Supercapacitores de energia tampão para e de baterias recarregáveis.

- Quando os supercapacitores substituíram condensadores electrolíticos maiores em fontes de alimentação ininterruptas (UPS), o custo por ciclo foi reduzido, foi conseguida uma substituição, redução de custos, o tamanho da bateria foi reduzido assim como a vida útil da bateria foi prolongada. Estes ajudam a estabilizar a tensão das linhas de alimentação

- Os supercapacitores armazenam a energia solar e abastecem as lâmpadas LED, fornecendo 15W de consumo de energia durante a noite. Pode durar mais de 10 anos.

- Os supercapacitores são também utilizados no campo médico em desfibrilhadores, onde podem fornecer 500 joules para chocar o coração de volta ao ritmo sinusal.

- É utilizado em aplicações militares que requerem elevada potência específica, tais como antenas de radar de phased array, fontes de alimentação laser, radiocomunicações militares, mísseis guiados por GPS e projécteis.

REFERÊNCIAS

> https://www.machinedesign.com/batteriespower-supplies/what-s-diferença-entre-
> https://en.wikipedia.org/wiki/Supercapacitor
> http://www.lajpe.org/sep12/09_LAJPE_685_Gouri_Sankar_preprint_corr.pdf
> https://www.mitre.org/sites/default/files/pdf/06_0667.pdf
> http://ijarcsse.com/Before_August_2017/docs/papers/Volume_3/6_June 2013/V3I6-0266
> http://www.tuks.nl/pdf/Reference_Material/Electrolytic_Caps_and_Super_Caps/Halpe